海洋智能感知

基于计算机视觉的新技术与应用

宋巍 · 贺琪 · 杜艳玲 · 编著

上海科学技术出版社

图书在版编目（CIP）数据

海洋智能感知 ：基于计算机视觉的新技术与应用 / 宋巍，贺琪，杜艳玲编著. -- 上海 ：上海科学技术出版社，2023.7(2024.1重印)
ISBN 978-7-5478-6243-8

Ⅰ. ①海… Ⅱ. ①宋… ②贺… ③杜… Ⅲ. ①计算机视觉－应用－海洋学 Ⅳ. ①P7-39

中国国家版本馆CIP数据核字(2023)第122283号

海洋智能感知——基于计算机视觉的新技术与应用
宋 巍 贺 琪 杜艳玲 编著

上海世纪出版（集团）有限公司
上 海 科 学 技 术 出 版 社 出版、发行
（上海市闵行区号景路159弄A座9F-10F）
邮政编码 201101 www.sstp.cn
苏州市古得堡数码印刷有限公司印刷
开本 787×1092 1/16 印张 11.25
字数 200 千字
2023年7月第1版 2024年1月第2次印刷
ISBN 978-7-5478-6243-8/P·51
定价：120.00元

前言
FOREWORD

海洋与人类生活息息相关，紧密相连。海洋中蕴含着无法估量的生物、矿物、可再生资源以及空间资源，是云雨的故乡、生命的摇篮、资源的宝库，更是人类生存与发展的第二空间，但人类对海洋的认知仍极为有限。自20世纪中叶，全球积极开展高科技海洋探索，不论是为了开发资源还是研究生物，海洋这一未知空间都值得我们去深入了解。

20世纪80年代，我国首次提出了“数字海洋”的概念，通过立体化、网络化、持续性地全面观测海洋，以及海量的数据获取，推动了海洋认知的革命。在此基础上，中国海洋专家又先后提出“透明海洋”“智慧海洋”的概念，以新一代智能化信息技术为手段，持续提升海洋信息领域整体能力，实现智慧经略海洋的目标。

海洋环境智能感知技术是智慧海洋的核心，而计算机视觉技术在海洋环境的智能监测、评估和识别等方面发挥了重要的作用，可以提高海洋环境感知的效率和精度，为海洋科学研究和工程应用提供有价值的信息。

计算机视觉是一种模拟人类视觉系统来实现自动化理解和分析图像的技术。计算机视觉技术的发展经历了从早期的图像基本特征提取与分析，到高层的图像分割和目标识别，再到复杂的场景应用等多个阶段。如今，深度学习的兴起和发展，以及大数据和云计算的支撑，极大地提高了计算机视觉的性能和效率，同时也拓展了其应用范围和领域。

本书基于上海海洋大学“数字海洋研究所”相关科研积累，重点考虑了计算机视觉技术在海洋智能感知中数据分析方面的创新与应用。本书从空中卫星遥感影像、岸基视频分析、水下光学图像，以及大数据可视分析四个方面，详细阐述了海洋领域的计算机视觉关键技术，并通过海洋涡旋、海洋锋、海浪要素检测、水下机器视觉增强、多视图海洋异常模式挖掘等具体应用案例阐明了计算机视觉技术的应用潜力。本书内容有助于推进人工智能与智慧海洋交叉领域的研究，加速智能技术在海洋领域的应用创新，助力海洋科技发展。

本书共五章，各章主笔分工如下：第一章由张明华、宋巍编写；第二章由杜艳玲、徐慧芳编写；第三章由宋巍编写；第四章由宋巍、覃学标编写；第五章由贺琪编写。本书内容凝聚了众多师生的汗水与劳动，在此对参与该书编写的所有“数字海洋研究所”的研究生表示感谢。同时，感谢国家自然科学基金（No.61972240、No.41906179）和上海市科委部分地方高校能力建设项目（No.20050501900、No.170500501900）提供的资助和支持。

本书是在有限的时间和条件下完成的，难免存在不足之处，敬请广大读者批评指正。

宋 巍 贺 琪 杜艳玲

2023年4月25日

目　录

CONTENTS

第1章 绪论

1.1 海洋智能感知概述

1.1.1 基本概念

智能感知的概念最早来源于人和动物对外界的认知过程[1]。随着现代智能技术的发展，人工智能可以通过机器视觉－机器听觉－机器触觉，以及感知信息融合的全过程来模拟人和动物的认知过程[2]。它不仅具备通过各种传感器获取外部信息的能力，也包括通过记忆、学习、判断、推理等过程，达到认知环境和对象类别与属性的能力。如今，智能感知在诸多领域（如机器视觉、指纹识别、目标识别、人脸识别、视网膜识别、虹膜识别、掌纹识别、态势感知、智能搜索等）取得了辉煌的成就。在海洋领域，智能感知技术的应用正逐步发挥重要作用。

海洋智能感知的基本概念是指利用现代通信、信息、计算机和智能控制技术，对海洋环境进行实时监测和数据采集，从而获取海洋环境信息并进行分析和应用，对海洋观测、探测和监测获取的数据进行评估、诊断、预测和决策，以支持海洋研究、预警海洋灾害、开发海洋资源、实施海上救援等。海洋约占地球表面的71%，不仅具有地理时空特征，而且在各自然地理单元中最为活跃，是潜力巨大的资源宝库和支撑发展的战略空间。海洋智能感知网是智慧海洋的核心基础设施，主要功能是实现海洋环境（水文气象、生物化学、生态、地质、能源矿产、声光电磁以及基础地理信息等）、海上目标（空中、海上、水下）、涉海活动（海洋管控、资源开发、生态文明建设等）和重要海洋装备（防务、资源开发、海洋运输和科考装备）等信息的全面获取[3]。在此基础上，需要先进的信息处理和分析技术来实现海洋数据的全面分析和应用。

海洋智能感知包括多方面的技术。①传感技术：海洋智能感知主要依赖各种传感技术，如声呐、水下摄像机、遥感等，通过传感器获取海洋环境的物理、化学和生物特征等信息。②数据处理技术：对采集到的海洋环境数据进行处理和分析，识别出异常事件、提取出有价值的信息并进行汇总和展示，是实现海洋智能感知的核心技术。③数据共享和协同：海洋智能感知需要通过网络将数据传输到云端，以便对数据进行处理和分析。同时，各个设备之间需要进行数据共享和协同，实现数据互通，提高数据利用效率。④海洋环境管理：通过海洋智能感知技术，可以实现对海洋环境的实时监测和数据采集，提高海洋环境的管理和保护水平，促进海洋经济和社会的可持续发展。⑤智能化应用：基于海洋智能感知技术，可以实现海洋资源的开发和利用、海洋生态的保护、海洋科学研究等多种智能化应用，具有重要的社会和经济价值。

本书重点针对海洋智能感知体系中涉及计算机视觉技术方面的内容进行详细阐述，旨在对不同传感器捕捉到的图像信息进行智能分析，为认知和开发海洋提供支撑。

1.1.2 发展历程

1.1.2.1 国际发展历程

1）探索阶段（20 世纪 60 年代至 90 年代初）

20 世纪 60 年代，美国国家海洋数据中心（National Oceanographic Data Center）启动海洋信息化研究，美国国家海洋测量局应用地理信息技术进行自动化航海图制图。1990 年美国海洋学家 Manley 和动态图形软件专家 Tallet 合作发表首篇关于海洋信息的论文。随后，加拿大、美国和英国等不断进行海洋智能感知的应用探索，如 1991 年美国环境系统研究所推出海洋浏览器、1992 年加拿大 Universal System 公司推出 CARIS GIS 工具包、1993 年 MRJ 公司发行 CD-ROM 版全球海洋影像和数据集以及美国鹰图公司凭借 ECDIS 开展航海制图。此外，在美国 RIDGE 计划的支持下，信息技术实现在海洋调查中的应用。该阶段开启信息技术在海洋领域的探索性应用，形成相关应用方案和工具包，但海洋智能感知的理论研究、技术体系构建和专业化应用（如航海）等问题仍亟待解决。

2）兴起阶段（20 世纪 90 年代中至 21 世纪初）

随着海洋智能感知应用领域的扩展，高质量的研究成果不断涌现，海洋渔业信息方面的专集和专著相继出版。随着互联网的发展，沿海国家认识到海洋智能感知的重要性，逐渐形成 SEAGIS 和 EUMARIS 等区域性协同工作平台。研究者分别从信息获取、模型构建和场分析等方面进行研究和实践，如构建5D模型以保证地理数据在时间和尺度上的连续性以及模拟分析涡旋变化和不同深度的海流流态。

2007年，美国制定了《美国海洋行动计划》，提出对各类海洋观测点进行整合，建成综合海洋观测系统（IOOS）[4]，该系统将人工与科技相结合，对近海水体和海洋数据进行采集、整合和发布，为科学家们提供快速挖掘信息的方法，从而对海洋环境的改变进行追踪、预测、管理和应对，也为决策者提供更安全可靠的信息，促进经济发展，保护水体环境。近年来，又推出了“海军海洋科学发展计划”“海洋数据获取与信息提供能力增强计划”等一系列专项，以期通过这些专项提升海洋信息获取分析的能力，促进海洋学科发展，为海洋战略实施提供技术保障[5]。

该阶段对海洋智能感知的认知更加深入，但随着海洋智能感知理论和应用研究成果的不断丰富以及应用范围的不断扩展，其对系统的软、硬件以及信息数据的格式、标准、存储、处理和分析等的要求越来越高，尤其对模型构建、场分析、可视化和预测预警等的要求更高。

3）快速发展阶段（21世纪初至今）

随着遥感、物联网、云计算和大数据等新技术的快速发展以及沿海国家对海洋的日益重视，海洋智能感知迎来划时代的发展机遇。发达海洋国家均十分重视海洋智能感知的发展且投入巨大，依赖其领先的技术优势，把发展海洋高科技和海洋智能感知作为海洋开发利用的重中之重，主要政策文件包括美国的《21世纪海洋蓝图》和《美国海洋行动计划》、德国的《高新战略2020》、日本的《海洋白皮书》、加拿大的《加拿大海洋战略》、韩国的《韩国21世纪海洋》以及欧盟的i-Marine计划。

美国为了提供可靠的全球气候预测预报，于20世纪90年代主导开展Argo计划，至2016年Argo已覆盖至边缘海和季节性冰区；2019年参与Argo建设的国家和团体达40个，累计布放浮标超过1.5万个。此外，美国启动IOOS计划和海洋数据获取增强计划，由此形成集海洋信息获取、处理与管理于一体的全球体系。加拿大通过整合Neptune和Venus等计划的观测设施，构建了Ocean Networks，研发了智能海洋系统（SOS），用于科学研究、政府决策、海洋环境监测、海洋环境安全保障、渔业资源利用等方面[6]。俄罗斯海军2016年最新研制出一种能将通信信息与声波相互转换的系统，把水下活动潜艇、深海载人潜水器、无人潜航器和潜水员联系起来，构筑水下“互联网”[7]。欧盟“欧洲海洋观测数据网络（EMODNET）”提出Marine Knowledge 2020计划，加强海洋的科学研究能力，提升不同层级决策的质量和可靠性[8]。法国“哥白尼海洋环境监测服务（CMEMS）”是欧盟地球观测和监测项目的一部分，目标是通过空间观测和原位观测为欧盟提供自动的数据获取能力，为海洋数据提供开放的平台[9]。英国2007年启动了名为“海洋2025”的重大海洋研究计划，旨在提升英国海洋环境认知、更好地保护海洋[10]。日本2012年提出针对2013—2017年的五年日本海洋发展阶段性战略，目的是提升水下资源开发能力，增强水体的监测能力和重大事态的应对体制[11]。此外，韩国业务化海洋系统（KOOS）对海洋进行日常监测和72h的预报，为海洋灾害提供预报预警[12]。

该阶段为海洋智能感知提供广阔的发展空间。在智能信息技术的支撑下，海洋智能感知人才培养，大范围、立体化和多维度原型海洋数据实时获取，海洋灾害预测预报和搜救以及可持续绿色生态发展等成为海洋智能感知发展面临的新挑战。

1.1.2.2 国内发展历程

1）探索阶段（20世纪80年代前）

该阶段以抢救历史资料和开展文献管理为主，主要面临如何最大限度地获取文献、档案和历史信息以及对其进行电子化存储和查询的问题。

2）兴起阶段（20世纪80年代初至21世纪前）

由于海洋智能感知的应用领域和关注领域不同，信息数据的结构、格式和质量也有所不同，信息数据的获取和处理等受到一定程度的限制。与此同时，以海岸链为基线的全球数据库建设全面开启海洋智能感知研发工作并取得丰富成果，我国自主研发首款海洋地理信息系统，专题库的建设实现海量数据的存储、检索和查询。

3）发展阶段（21世纪初至“十一五”期间）

基于前期研究成果，该阶段开始建设海洋信息系统，并实现软、硬件的升级改造。在“九五”规划至“十一五”规划的支持下，我国海洋信息化工作初见成效，相关研究成果不断涌现。

4）高速高质量发展阶段（“十二五”期间至今）

海洋环境管理信息系统研发取得重要成果，《全国海洋观测网规划（2014—2020年）》、“全球海洋立体观测网”、“数字海洋”、“智慧海洋”和“透明海洋”等发展规划相继出台，海洋卫星、岸基站和ADCP等关键海洋智能感知设备和装备得到空前发展。我国自加入Argo计划以来累计布放400余个Argo浮标，从早期的参与国发展成具有自主研发能力和国际共享能力以及主动承担海洋大国责任和义务的重要成员国。随着北斗剖面浮标数据中心的建立，我国继美国和法国之后第三个拥有可为Argo提供海洋剖面数据接收和处理服务的国家级平台。“透明海洋”、“两洋一海”和马里亚纳海沟海洋科学综合观测网等的建设为经略海洋奠定坚实基础。

随着海洋平台设计、装备制造、传感器、人工智能和信息处理等技术的快速发展，海洋信息网络平台装备正在向无人化、智能化和多样化的方向快速发展，形成了覆盖空、天、岸、海、潜的海洋全方位综合感知平台装备体系，如海洋观测卫星、无人机、大型浮标、潜标、无人岛礁、无人艇、水下机器人等。具备全海域、全天候、全天时常态化的海上值守能力，对于海洋信息的感知也融合了雷达、AIS、ADS-B、光电、电磁、气象、水文等海洋目标和环境信息，为建设海洋全方位综合感知奠定了基础[13]。

该阶段更加注重海洋权益维护、海洋人才培养、核心技术自主研发和深远海装备技术研发，同时面临海洋可持续发展的挑战。

1.1.3 海洋智能感知中计算机视觉技术的作用

海洋智能感知的基础设施建设部分正在形成较为完善的体系和框架，然而相应数据分析与挖掘的技术还处在起步和发展阶段。海洋感知大部分依赖非接触式遥感或遥测，计算机视觉技术在海洋领域的应用可以分为两个方面。

一方面，针对海洋现象或过程的认知。我国自古是一个海洋大国，拥有绵长的海岸线，其中大陆海岸线1.8万km，岛屿海岸线1.4万km，丰富的海洋资源是可持续发展的宝贵财富。21世纪伊始，国家开始重视对海洋生态资源进行合理开发，提出了海洋强国战略，旨在提升我国在开发海洋、利用海洋、保护海洋、管控海洋方面的强大综合实力。由此可见，海洋在未来发展中具有重要的战略地位，而海洋科技的发展为探索、开发、利用、建设海洋提供了有力的工具。

另一方面，针对海洋世界的探索。传统的对海洋进行探索方式主要是人类潜水作业，这种方式对深海进行探测不太现实，不仅效率低，难以获得更加丰富的信息，而且对潜水员要求极高，大规模的人类水下作业也会对海洋生态环境造成不可逆的影响。随着计算机视觉技术的蓬勃发展，在水下探测设备上应用计算机视觉技术使得人类可以以一种非侵入的方式探索和开发利用海洋生态资源，这种技术现被广泛应用于海洋环境的各种作业中。其中，最主要的是搭载计算机视觉技术的水下机器人和智能监控设备。这种设备造价不高，不会对操纵它们的人造成危险，而且作为人类智能和感官在水下的延伸，突破了人类无法直接完成的复杂水下探索任务的局限性。计算机视觉技术能使水下机器人更好地感知水下环境与执行水下复杂任务，包括目标检测、目标跟踪、自主避障等。而应用计算机视觉技术的智能监控设备有助于海域监管部门对所管辖海域实施更全面监视，也有助于船舶、无人艇等及时发现海域内的目标进行及时规避，保证海域航行安全。

1.2 计算机视觉技术概述

计算机视觉可以说是近年来最热的概念之一，它是人工智能的一个重要组成部分，也是其基础应用技术之一。本节将介绍计算机视觉技术的一些基本概念和主要研究方向。由于计算机视觉包含的知识、技术、理论很多，本节只是针对部分与海洋领域应用相关的内容进行阐述，想要更深入地了解可以参阅各类相关书籍和文献。

1.2.1 发展历程

计算机视觉就像是计算机的眼睛，接收外界视觉信息，并对其进行进一步的处理，获取其中有用的信息，由此自动地完成某项任务或帮助人们进行决策。对于计算机视觉这个概念，维基百科给出的定义是：计算机视觉是一个跨学科领域，用于解决如何使计算机从数字图像或视频中获得高级别的理解[14]。它涉及计算机科学、信号处理、物理学、应用数学、统计学、神经生理学和认知科学等诸多学科。它的研究对象是数字图像和视频。所谓高级别的理解，也就相当于人脑对图像或视频的理解，例如对图像进行分类、标记出特定物体位置、对视频内容进行语言描述等。因此，计算机视觉的目的是让计算机自动地去完成那些人类视觉系统能完成的任务。实际工作生活中存在大量的诸如此类的重复劳动，依赖人工来处理，往往耗时耗力，随着计算机技术的快速发展，人们也自然地希望计算机来帮助处理这样的大量重复劳动，从而使生活更加智能化。

计算机视觉的发展大致经历了以下几个阶段：

20 世纪 50 年代，生物学家们试图理解动物的视觉系统，其中比较有名的是 Hubel 和 Wiesel 的一些研究成果[15]，他们发现了视觉通路的信息分层处理机制，并提出感受野概念。

20世纪60年代，计算机视觉开始于开创了人工智能的大学。它旨在模仿人类视觉系统，作为赋予机器人智能行为的垫脚石。这个时期，也诞生了人类历史上的第一位计算机视觉博士Larry Roberts。

20世纪70年代的研究为当今存在的许多计算机视觉算法奠定了早期基础，如从图像中提取边缘、标记线和非多面体与多面体建模等。

20世纪80年代，Marr首次从信息处理的角度综合了图像处理、心理物理学、神经生理学及临床精神病学的研究成果，提出了第一个较为完善的视觉系统框架，虽然以现在的眼光来看，该框架仍存在不完备和有争议的地方，但这仍是目前广大计算机视觉工作者接受的基本框架。

20世纪90年代，3D重建技术的研究变得活跃，同时统计学习技术首次在实践中用于识别图像中的人脸。到90年代末，基于计算机图形学和计算机视觉领域之间的相互作用，一些新的研究逐渐涌现，如图形渲染、全景图像拼接等。

最近20年，计算机视觉领域迎来了快速发展，基于学习的视觉成为计算机视觉的主流研究方向。尤其是2010年以来，得益于数据的积累和计算能力的提升，深度学习得到快速发展，并为计算机视觉领域带来了更强的生命力，使得算法性能获得了巨大提升，取得了许多实际的进展，很多技术得以商用，并且在大量单项视觉任务上超过人类视觉精度水平。

1.2.2 主要研究方向

计算机视觉技术大致可分为针对图像的研究和针对视频的研究。下面将从以下几个方面来介绍目前对图像和视频的一些研究。

1.2.2.1 图像分类与目标检测

在计算机视觉的发展初期，研究者们尝试利用计算机来实现人眼能实现的功能，即模仿人眼来认识世界，并且让计算机告知人们它所看到的内容，这就是最初的图像识别任务。图像分类与目标检测是计算机视觉中最基础的任务，大多数时候两个任务都是同时存在的，其目标分别是以最小的分类误差将不同的图像划分到不同的类别和找到图像中特定目标。图像分类与目标检测一直都是计算机视觉、模式识别领域的研究热点，相关研究占据了半壁江山。它们的应用广泛存在于日常生活的方方面面当中，如监控移动侦测、门禁人脸识别以及互联网上基于图像的内容搜索等。研究者们一直以来都希望完全由计算机来处理此类任务，并且达到甚至超过人类水平。

PASCAL VOC 与 ImageNet 竞赛是该领域影响深远的比赛，其中出现的模型基本代表了当时的最高水平，可以从中窥探该领域的发展。2012 年 Hinton 教授及其学生 Krizhevsky 利用 GPU 训练了一个非常大的卷积神经网络（convolutional neural networks，CNN），在 ImageNet 竞赛上获得了巨大成功，相比于传统算法在 Top5 分类精度上提升了大约 10 个百分点，由此研究者们纷纷转向深度学习的研究当中。随后迎来了大数据时代，GPU 算力也在不断提升，而这也正好都是深度学习所必需的前提，由此便更加推动了以数据驱动的深度学习模型的发展。在随后的竞赛中，伴随着各种复杂深度学习模型与方法的提出，图像分类与目标检测精度的纪录一直被刷新。

目前图像分类与目标检测任务也存在一些难点与挑战：①对于同一物体，不可能每次都能保证拍摄角度、光照阴影、图像分辨率、拍摄距离等因素都相同，且物体自身形态也可能发生变化或存在一些局部差异；②在真实场景中，背景的干扰也十分严重，如何准确寻找到感兴趣的目标也是一个难点。

1.2.2.2 图像分割

图像分割是计算机视觉的核心技术之一，即根据一定的相似性准则将图像划分成不同区域的过程。与图像分类不同，图像分割需要对每个像素进行预测，将其划分为不同的类别。图像分割中比较重要的是语义分割，其是依据高级语义对象或实体类别等信息进行分割。语义分割在地质检测中发挥着重要作用，如根据卫星影像监测地区的森林砍伐和城市化等。

传统的图像分割方法主要包括阈值法、边界检测法、区域法等，这些方法基本都是利用图像局部的像素值、纹理和形状等信息，因此十分受限，分割结果不尽理想。还有一类方法则是利用聚类算法先将图像分割成大小均匀、紧凑度合适的超像素块，然后对超像素块进行处理，此类方法可以较好地保留局部纹理细节。近些年来，基于端到端的方法逐渐流行起来，同样是依赖于深度学习技术的发展。这些方法大多需要像素级的标注，再训练一个分类器用于解决分割问题。目前主流的方法分为三类：基于全监督学习的方法、基于弱监督学习的方法和基于自监督学习的方法。

基于深度学习的方法在语义分割领域取得了不错的成绩，也是目前的主流方法，但也仍存在一些问题：①深度学习方法往往需要很长时间训练，降低了其应用的实时性；②弱监督学习和自监督学习方法一定程度上解决了训练样本标注的困难，但在分割效果上会有一定下降。

1.2.2.3 三维重建

三维重建指对三维物体建立适合计算机表示和处理的数学模型，经过不断发展，已经取得巨大成就，其广泛应用于医学三维CT图像、自主导航和工业自动化等领域。三维重建技术关键在于获取外界信息，可以使用接触式方法通过各类仪器来获取精确信息，但有很大的局限性，另一类非接触式方法则是通过声、光、磁场等媒介获取，精度低但泛用性高。目前，基于图像和基于点云的三维重建是三维重建领域的热点。

基于图像的三维重建主要是将二维图像恢复成三维模型，分为基于单幅图像的三维重建与基于多幅图像的三维重建。其中对于单幅图像的重建是比较困难的，因为丢失了很多几何信息，基于此的重建就需要一些假设或先验知识，抑或通过对现有的模型学习来进行重建。基于单幅图像的三维重建的传统方法可以分为基于模型的重建方法和基于几何外形恢复的重建方法。前者由表示对象的参数模型组成，通过找到模型的投影和输入图像之间最佳拟合时模型的参数来完成重建，基于模型表示的物体重建反映了对模型表示的不同偏好；后者则根据二维图像中的三维信息来恢复物体三维几何外形，常用的是基于纹理和阴影恢复三维外形的方法。对于多幅图像来说，三维重建流程主要包括稀疏点云重建、稠密点云重建、点云网格建模、三维语义建模、三维矢量建模。其中稀疏点云重建是三维重建中搭建场景框架的过程，稠密点云重建是三维重建中增强场景稠密性的过程，三维重建效果的完整性和精确性与这两个步骤紧密相关。

基于图像的三维重建成本低，适用范围广，同时该方法计算出了相机的内外参数使得重建效果更为精确，能较好地实现现实事物的虚拟化，但仍存在一些缺点：①对物体细节特征重建不理想；②不能重构出实时变化的场景，实时性不强。

1.2.2.4 目标跟踪

目标跟踪是计算机视觉中一类非常重要的问题，也是视频所特有的研究问题。目标跟踪在图像处理角度可定义为根据已知目标图像位置预测后续所有图像中目标在图像中的位置，以达到持续跟踪目标的目的。该技术广泛应用于军事侦察、自动监控、车辆导航等方面。然而，由于物体移动导致面向镜头一面外观发生变化，以及光照阴影、背景遮挡等因素的影响，进行稳定的跟踪仍然面临着很大的挑战。

视频目标跟踪算法按照目标模型建立方式的不同，可分为生成类和判别类两类。生成类算法是根据原始影像中的目标建立模型，再在需要跟踪的图像中寻找与目标模型最相似的区域作为目标进行跟踪。该类算法比较经典的是均值漂移，其是一种无参概率估计方法，该方法通过迭代沿着概率密度函数的梯度方向，搜索函数局部最大值。判别类算法则是根据原始图像建立一个能够区分目标和背景的判别模型，再在需要跟踪的图像中搜寻目标，利用判别模型判断是目标还是背景。粒子滤波是一种非参数化滤波方法，基于蒙特卡洛方法将贝叶斯滤波方法中的积分运算转化为粒子采样求样本均值问题，通过对状态空间粒子的随机采样来近似求解后验概率，该方法在目标跟踪领域取得了很好的效果。随后，研究者们也同样将深度学习技术引入到目标追踪领域，这对于提高目标跟踪的精度和鲁棒性具有重要意义。目前，深度学习在该领域的应用可分为两类：一类是结合相关滤波方法，以深度学习作为特征提取方式，以相关滤波作为跟踪框架的目标跟踪方式；另一类则是完全基于深度学习框架的目标跟踪算法，通常使用卷积神经网络来实现。

目前，目标跟踪算法的精度受到多方面因素的影响：①跟踪的目标与背景之间的干扰，如目标被遮挡、环境复杂、光照变化等；②目标本身的变化，如外形变化、速度变化等；③跟踪目标与跟踪者之间距离状态的变化。

1.2.2.5 其他方面

计算机视觉技术还有很多其他研究方向，包括图像描述、视频行为识别[16]等，这里不再一一详述。总体而言，许多高级计算机视觉应用都离不开底层图像处理技术的理论或方法支持。例如，图像增强技术能够增强有用信息、去除噪声干扰，用于准确内容理解有积极作用；边缘信息提取有助于图像中关键目标或快速识别。此外，图像的视觉概念提取，图像描述性能的提升离不开其他基础图像任务性能的提升，如图像分类和目标检测、对象属性和对象关系。事实上，越来越多的计算机视觉任务需要多源数据的支持，多模态数据融合的解决方案是一个重要的研究方向。

1.3 计算机视觉技术在海洋领域的应用

本节将介绍计算机视觉技术在海洋领域的应用，包括其应用意义、使用的硬件设备以及主要的应用方向。

1.3.1　数据来源及类型

计算机视觉技术在海洋领域的应用通常会涉及多种数据类型，比较常见的数据类型包括：由摄像机、潜水器、遥感卫星等设备采集的单幅图像数据；在海洋勘探和环境监测中采集的具有时间连续性的视频数据；由卫星遥感反演或再分析的海洋大面数据，如海温、盐度、含氧量、叶绿素浓度等；由遥感技术收集和分析的海洋水色、浮游生物等多光谱图像数据。

对于不同类型的数据，通过计算机视觉技术进行分析和处理，可以帮助人们更好地了解和保护海洋环境。下面列出一些公开的数据产品或数据源，供相关研究人员使用。

1.3.1.1　卫星遥感影像

随着“海洋强国”战略的提出，如何准确高效地提取和分析海洋信息成了海洋学科研究的重点。在许多海洋领域中，大多数研究的开展是基于卫星提供的海洋遥感影像数据。在卫星遥感影像中可以区分出不同温度的水团、水流的位置、范围以及移动方向，从而获得海洋中涡旋分布、洋流变动、海洋锋变化等信息。在实际研究过程中，常用到的卫星遥感影像主要来源于以下途径：

（1）国家海洋科学数据中心（mds.nmdis.org.cn）。

（2）中国国家遥感中心（www.geodata.cn）。

（3）美国 NOAA 国家环境卫星、数据和信息服务（www.nesdis.noaa.gov）。

1.3.1.2　光学成像

在自然环境下，如何获取高质量的图像信息是当前水下作业面临的一大困难。由于水下环境的视觉特殊性，水下图像相较于普通图像更易受到光线的影响，造成图像模糊、色彩失真、存在噪声等成像退化等问题。随着光学成像技术的发展，其利用激光的某些特性，在一定程度上抑制了海水对光线的吸收和散射作用，提高了成像效果。同时，对水下光学图像处理的研究也进一步改善了上述成像退化的问题，提高了图像质量。在实际研究过程中，较为广泛使用的水下光学图像数据集有：

（1）Fish4Knowledge 数据集，该数据集包含数据集 A 和数据集 B 两部分，其中数据集 A 共有 27 370 张图片，包含 23 种鱼类；数据集 B 共有 794 张图片，包含 12 种鱼类。

（2）Wild Fish Marker 数据集，该数据集来源于美国国家海洋和大气管理局（NOAA），其中包含鱼类、无脊椎动物和海床等图像。

（3）URPC2021 数据集，该数据集基于真实海底环境下拍摄而成，共有 7 600 张训练图像和 2 400 张测试图像，包含海胆、海参、海星、扇贝 4 种生物。

1.3.1.3 声呐成像数据

在水下观测作业中，水下声呐成像技术也有着重要的地位，因为其他信号在水下环境中传播损失较快，而声波在水下可以进行更远的传播。但由于水底光线和其他介质的干扰，以及获取水下图像的代价较大等问题，声呐成像数据的质量和数量均不高。这对于水下目标检测而言，是一个巨大的挑战。如何利用水下声呐图像去了解海底生态环境是当前研究的一大课题。目前，使用较为广泛的水下声呐数据有以下几种：

（1）ARACATI 2017 数据集，该数据集由配备声呐的水下机器人所收集。其中训练集包含 2 605 张图像，验证集包含 289 张图像，测试集包含 289 张图像，每个部分都包含实际水下图像和其对应的声呐图像。

（2）2021 全国水下机器人（湛江）大赛水下目标检测算法赛声呐图像数据集，该数据集由 4 000 张声呐图像组成，涵盖了水下场景中的典型环境。

1.3.2 计算机视觉技术的海洋应用场景

计算机视觉作为机器的“眼睛”，为机器感知环境、获取环境中的有用信息提供了强大支持。现在，计算机视觉技术作为人工智能中重要的组成部分，已被广泛应用到人类生产和生活的方方面面。在海洋领域的应用也非常广泛，包括海洋生物学研究（如自动识别和跟踪海洋生物等）、海洋勘探（如分析海底地形、水下物体和海洋环境）、海洋环境监测（如监测和分析海洋中的气候和环境变化）、海上安全保障（如监测海上交通、溢油等）。本小节主要介绍三方面的应用场景。

1.3.2.1 海洋环境监测

计算机视觉技术可以帮助监测和分析海洋环境，如海洋水质、海洋污染、海洋气象等。

计算机视觉技术应用于海洋水质监测，包括自动化检测海水中的溶解氧、盐度、温度等参数，以及分析水体中的微生物和有害物质等。通过计算机视觉的方法对水质进行监测，是一种经济而高效的手段，可以通过非接触的方法，直接获取水体的光学图像信息从而进一步分析水体中水质的好坏。通常，水质监测所需要的是水面反射出的光谱反射率的图像，该图像至少包括光谱波段信息。例如，西班牙巴拉多利德大学的学者们[17]利用 Sentinel-2 多光谱卫星遥感数据，基于随机森林、支持向量机、人工神经网络（ANN）和深度神经网络（DNN）算法，对海水的叶绿素浓度进行分析，实现对梅诺尔（Menor）海的水质监测，为地方当局、旅游业和渔业提供重要的支撑。类似地，利用卫星遥感图像和无人机拍摄的光学图像，通过图像分割、识别、目标检测等技术对海上漏油、排放废水的船舶等进行识别和跟踪，已经成为控制和管理海洋污染事件的重要技术手段。

近年来，计算机视觉技术在海洋气象监测方面取得突破，特别是与深度学习网络的结合，使得复杂海洋气象的自动化分析、识别和预测更加高效和准确。中国科学院海洋研究所李晓峰等[18]对基于深度学习的海洋遥感影像信息挖掘技术进行了深入探讨，并验证了图像分析和对象目标检测等计算机技术在内波提取、全球中尺度涡检测、海冰检测等的有效性，体现了计算机视觉技术在海洋气象方向研究的科学价值与应用前景。

海洋中尺度现象是海洋动力学的重要组成部分，它们本身具有自转、平移和垂直的运动，所以在全球海洋物质、能量、热量、营养物以及盐等海水化学元素的输运中发挥着重要作用，对海洋环流、全球气候变化、海洋生物化学和海洋环境变迁有非常重要的影响，因而，海洋涡旋的检测在海洋气象学、海洋声学和海洋生物学等领域具有重要的研究价值。自 20 世纪 70 年代中尺度涡首次被海洋学家发现以来，目前已经在世界大洋的各个区域被广泛观测到，成为海洋科学的研究热点之一。近年来，随着机器学习和计算机视觉的发展，许多科研人员尝试将目标检测、分类、分割、边缘增强等方法和技术，应用在海洋涡旋自动检测和识别上，受到研究者们的广泛关注。

海洋锋是指性质不同的水体交汇时形成的狭窄的分隔带。它们可用温度、盐度、密度、速度、颜色、叶绿素等要素的水平梯度，或它们的更高阶导数来描述；即一个锋带的位置可以用一个或几个上述要素的特征量的强度来确定。锋区中存在强烈的湍流混合交换、水平辐合（辐散）和垂直运动。不同水体携带的营养盐类在锋区比较丰富，因此常吸引大量浮游植物在此繁殖，从而造成锋区生产力较高，往往会吸引浮游动物和鱼类来此捕食和繁衍，所以渔业活动通常需要考虑锋区的强度和位置。同时，锋区的水文要素会发生急剧变化，从而影响海水的声学性质，对水声通信监测、舰船航行安全、海上救援等活动也均有重要影响。

1.3.2.2 海洋渔业生产

水产养殖是指人类利用可供养殖的水域，科学地对鱼类、虾类、贝类、藻类、软体动物等水产品进行养殖的一项生产活动。传统的水产养殖依赖于养殖人员的直接观察，对养殖人员的从业经验要求十分高，而且观察结果易受到养殖人员的主观意志影响，难以被量化，同时消耗的人力物力资源巨大，生产效率低下，难以满足大规模生产需要。计算机视觉技术在该领域的具体应用包括：

1）鱼类识别

在水产养殖过程中，为了充分利用养殖场地，通常会在同一水域养殖多个品种的鱼类，因此存在对多个鱼种类进行识别的问题。计算机视觉技术通过获取鱼类图像提取鱼类特征，进而对鱼种类进行识别。传统应用在水产养殖中的计算机视觉技术主要依靠机器学习，其基本过程为：

（1）通过摄像机等设备获取鱼类图像。

（2）利用人工设计的滤波器提取输入鱼类图像的色彩、形状、纹理等特征。

（3）根据这些特征训练分类器。

（4）使用分类器实现物种分类。

这种方法依赖人工设计的特征提取算子，泛化能力较差，结果误差较大。而基于深度学习的计算机视觉技术通过卷积神经网络提取鱼类特征信息，使用网络拟合数据来自动学习特征，省去了人工设计滤波器的过程，且具有良好的泛化能力和鲁棒性，已逐渐替代传统的机器学习算法。

2）鱼类行为研究

鱼类行为是指鱼类进行的各种运动，包括游泳、摄食、生殖、呼吸等运动。此外，避敌、攻击、求偶以及改变体色等非运动形式也被列入行为范畴之中。鱼类对生存环境十分敏感，当受到环境刺激时，会作出应激反应。研究发现，鱼类游泳速度、深浅以及在水中的分布与水中溶氧量有关，当水中溶氧量降低时，鱼类游泳速度和深度会降低，分布也会更加分散。在感染疾病时，鱼类活性会降低。同时，当养殖水质变化时，鱼类游泳和摄食行为以及体色会发生不同程度变化。养殖人员可通过观察判断养殖环境是否适合鱼类生存，从而采取相应措施进行人工干预，避免造成经济损失。

当前，在水产养殖智能化过程中，计算机视觉技术则为养殖人员观察鱼类行为提供了帮助。研究人员利用摄像设备对鱼的行为进行监控，通过监测鱼类体色与游动速度（加速度）的变化，自动发现由于应激或疾病等引起的行为异常。在计算机视觉技术的辅助作用下，养殖人员无须长时间工作，通过安置在养殖水域的视觉系统便可及时获取鱼类行为及状态信息，进而精准调控，提高收益。

3）鱼病检测

传统的检测鱼类疾病方式主要是由人工直接观察判断，这种方式依赖于从业人员的专业经验，而且耗时久，易引起误诊、滞后诊断等问题，这些问题直接或间接地会影响水产养殖业的经济效益。为了弥补传统方式的不足，一些研究人员开始结合计算机视觉技术来进行鱼病实时诊断。例如，通过机器视觉研究由弧菌病引起的大黄鱼体表特征和行为特征的变化，借助多尺度自适应加权形态边缘检测算法，建立起大黄鱼弧菌病诊断系统。研究病鱼彩色图像种类识别和病斑分割的处理方法。通过计算机视觉辅助养殖人员做好鱼类管理工作，防止致病菌在鱼群中大面积爆发，以减少经济损失。

综上，在渔业生产中，通过计算机视觉系统监控鱼类个体或鱼群整体的状态变化，养殖人员能够判断养殖环境是否适宜鱼类的生长发育，并及时进行养殖管理和调控，提高养殖效率和收益。

1.3.2.3　海洋工程应用

我国自开发海洋石油、天然气以来，已经在海底铺设了数十条总长几千千米的输油、输气管道。由于管道长期在海底环境受到高压、海水腐蚀、洋流运动、地壳运动以及材料耐用性有限等因素的影响，海底管道易发生破损，从而引发石油、天然气泄漏等重大事故，造成不可估量的经济损失和海洋环境污染。通常，人类在海底管道所处的深度无法完成检测和维修任务，因此，在海洋环境采用搭载计算机视觉系统的水下机器人来帮助完成管道检测和维护工作对我国开发利用海洋资源、建设海洋强国具有重要意义。

海底管道检测技术分为外检测和内检测，大多采用超声波和雷达探测技术。对海底管道外检测的声学探测技术主要包括单波束 / 多波束测深、侧扫声呐、浅地层剖面探测等 3 项传统声学探测技术以及扫描声呐、合成孔径声呐技术等探测技术。由于海底管道处于深海，基于计算机视觉的管道检测技术受制于海底暗光因素的影响，难以直接获取管道图，通常结合声呐图像、微光摄像机获取的光学图像等来进行探测。

随着海洋资源的不断开发与利用，水下机器人技术得以迅速发展，水下的视觉系统也随之发展。水下三维重建技术对水下自主航行器作业、海底勘查、管道维修以及水下目标识别等领域具有重要意义。但由于水下环境较为复杂，水下照片质量下降，并且会发生畸变，使得传统空气中相机标定及三维重建算法不能直接应用于水下，需要对水下相机进行标定并且对存在的像素偏移误差进行补偿，推导水下双目立体视觉的投影模型和反投影模型，借鉴空气中的图像去雾算法，考虑水下衰减因素的复杂性，研究可适用水下浑浊环境的三维重建算法。

1.3.3 计算机视觉技术海洋领域应用的挑战

计算机视觉技术在海洋领域的科研探索、工程实践、生产活动等方面具有巨大的应用潜力，但是在实际应用中仍面临诸多挑战，包括数据质量的影响、海洋复杂场景的限制、面向应用的鲁棒性与可解释性等问题。

1.3.3.1 数据质量的影响

计算机视觉技术的表现受到数据质量的影响很大，特别是一些图像分析和识别的模型需要大量高质量的数据用于模型训练和测试。然而，受到地理条件、硬件设备等限制，能够获取到的数据往往好坏掺杂且存在模糊不清、分辨率低、样本不均衡等问题。由于水下环境复杂多样，各种水下机器人设备所拍摄出的水下图像有别于大气光学图像。典型的水下图像有如下特点：

（1）水对光的吸收作用使得水下环境能见度很低，给水下摄像带来很大的困难，通常只能在距离目标 1 ~ 2m 进行拍摄才能避免色彩的丢失，因此在水下中远距离目标摄像多会采用灰度图像的成像方式。

（2）照明设备一般为点光源，由于聚光照明，其强弱有着较大的差异，以光源最强的点为中心，径向逐渐减弱，通常反映到图像上为背景灰度不均匀。不良的照明条件还会使得水下图像质量变差，如出现假细节、阴影、假轮廓等。

（3）水体本身的性质和悬浮体、活性有机体的存在，造成水下图像的照度不均、对比度低、噪声明显等问题。

图像质量的好坏直接影响识别算法的设计与效果的精度，因此在图像分析前，需要进行预处理。图像预处理的主要目的是消除图像中无关的信息，恢复有用的真实信息，增强有关信息的可检测性、最大限度地简化数据。预处理的过程面临着数据量大、固有的信息丢失伴随噪声、理解图像含义困难等问题。模型数据集的准备通常需要大量人工标注来作为监督学习的样本，人工标注的质量也将影响数据的好坏。

1.3.3.2 海洋复杂场景的限制

海洋场景的复杂性在海表面和海面下的应用有不同的体现。

海洋中的风、波、潮汐、水流等物理过程，以及盐度、温度、氧含量、营养物质浓度等化学过程，都会随着时间和空间的变化而发生剧烈的波动。这些海洋环境和海洋过程的高动态性，对海洋图像分类和目标识别等计算机视觉任务问题造成困难。一方面，海洋环境中由于浪涌、水流等物理过程的影响，图像的清晰度和分辨率往往受到很大限制，这使得海洋图像的识别和分类变得更加困难；另一方面，海洋环境中的物体往往会发生剧烈的动态变化，如海洋生物的游动、捕食等行为，海洋表层的波浪、潮汐、水流等物理过程，这使得对物体进行准确分类和识别变得更加复杂。

对于水下探测任务，就设备抗干扰性而言，水下机器人通常会受到海风、海浪、海流的影响而出现抖动、摇摆、浮沉等状况；水下机器人长时间在水下工作容易受到海水的侵蚀而影响元器件工作效率，导致设备使用寿命减少和准确性降低。就视觉系统成像而言，相比较陆地光学成像原理，水下光学成像深受水中光吸收、散射和折射的影响，使得水下图像普遍偏蓝绿色调，而且表面雾化，浮游物体也会遮挡感兴趣目标；当光源变化时，目标物体的颜色、分布和姿势会产生变化，这导致所获取的特征也不是固定的。这些问题使得水下机器人最终获取的图像普遍质量不高，从而影响所关注对象的特征信息，不便于相关人员观察，也会影响后续水下图像处理环节的结果，如目标检测与跟踪。因此，海洋环境对水下机器人硬件与软件的可靠性、稳定性及排错性提出了更高的要求。此外，由于水下视觉系统载体较岸面载体存在负荷低、空间狭小以及能源难以及时供应的问题，载体在设计制造时应具有小巧、轻量、低功耗的特点，以便维持水下长时间工作。

1.3.3.3 面向应用的鲁棒性和可解释性

鲁棒性指的是控制系统在一定的参数摄动下，维持其他某些性能的特性，在实际中，鲁棒性的应用非常广泛，由于测量的不精确和运行中受环境因素的影响，不可避免地会引起系统特性或参数缓慢而不规则的漂移，所以在应用复杂性范式对各种类型控制系统进行设计时，都要考虑鲁棒性问题。

广义上的可解释性指人们需要了解或解决一件事情的时候，可以获得所需要的足够的可以理解的信息，也就是一个人能够持续预测模型结果的程度。按照可解释性方法进行的过程进行划分，大概可以分为三大类：在建模之前的可解释性方法、建立本身具备可解释性的模型和在建模之后使用可解释性方法对模型做解释。

数据可视化是提高可解释性的一种有效途径，从广义上讲它涉及很多种学科，例如人们所熟知的信息技术，以及自然科学、图形学、交互设计、数学、统计分析等。数据可视化可细分为科学可视化、信息可视化和可视化分析，这三个领域通常被视为数据可视化技术的三个分支。科学可视化融汇了图形学与计算机科学，隶属于计算机科学的一个分支——计算机图形学。科学可视化的作用就是用各种图形化的方式来说明所获得的数据，使研究人员能够从中了解数据内涵、说明数据和收集数据的规律。用来增强人类认知的对抽象数据的交互式视觉呈现被称为信息可视化，数字和非数字数据都是人们所说的抽象数据，如矢量信息与文本信息。信息可视化与科学可视化在处理的数据方面有所不同，前者所处理的数据是抽象的，如柱状图、趋势图、流程图、树状图等图表都属于信息可视化，这些图表都将抽象的概念转化成为人们可理解的、简明的信息；而后者所处理的数据一般有天然的几何结构，如磁感线等。可视化分析的主要任务简单来说就是提供给人们一种舒服的易于接受的新界面形式，这样就能让人们通过这个界面进行分析和推理。它是伴随前两者的成长而构成的新领域学科。它将这种交互式视觉表示和基础分析的这一过程结合，能有效执行比较复杂高级的推理演算。

海洋数据通常是多维和复杂的，如果没有可视化，就很难解释。可视化工具允许科学家以更直观和有效的方式探索和分析这些数据，帮助研究人员识别海洋数据中的趋势、模式和异常，更好地理解驱动海洋现象的潜在过程；识别海洋数据中的错误、异常值和差距，从而为提高数据质量和准确性提供信息。最后，可视化是向更广泛的受众传达复杂研究成果的有效方法，包括政策制定者、教育工作者和公众。这有助于提高人们对重要海洋学问题的认识，并为决策提供信息。

综上所述，数据可视化是海洋研究的重要工具，可以帮助科学家理解复杂的数据，检测趋势和异常，提高数据质量，交流研究成果。有许多不同类型的可视化技术可用于海洋数据，包括地图、图形、图表和动画。可视化方法的选择取决于数据的性质和要解决的具体研究问题。

参考文献

[1] Keith M Kendrick. Intelligent perception[J]. Applied Animal Behaviour Science,1998,57(3-4):213-231.

[2] 石绥祥. 数字海洋中多渠道不确知性信息软融合策略研究[D].沈阳: 东北大学,2005.

[3] 姜晓轶,潘德炉. 谈谈我国智慧海洋发展的建议[J].海洋信息,2018,33(1):1-6.

[4] U.S. IOOS Office. U.S. Integrated Ocean Observing System: A blueprint for full capability Version1.0[M/OL].(2010-11-16)[2023-3-01]. https://cdn.ioos.noaa.gov/media/2017/12/us_ioos_blueprint_ver1.pdf.

[5] 陈奎英. 兴海强国,加快海洋信息化建设步伐[J].海洋信息,2004(2):6-8.

[6] Ocean Networks Canada. Smart Ocean Systems[EB/OL].(2015-6-23)[2023-3-03]. http://www.oceannetworks.ca/innovation-centre/smart-ocean-systems.

[7] 新华社. 俄罗斯海军构建水下"互联网"[J]. 创新时代,2017(2):99-99.

[8] Berthou P. EMODNET-the European marine observation and data network[J]. European Science Foundation Marine Board, 2008, 10: 172-173.

[9] Copernicus Marine Environment Monitoring Service. About your COPERNICUS marine service[EB/OL].(2017-11-27)[2023-3-06]. http://marine.Copernicus.eu/about-us/about-your-copernicus-marine-service.

[10] Natural Environment Research Council. Oceans 2025[EB/OL].(2017-11-27)[2023-3-10]. http://www.nerc.ac.uk/research/funded/programmes/oceans2025.

[11] 金永明. 日本《海洋基本计划草案》述评[J]. 中国海洋法学评论, 2008(1): 121-127.

[12] Park, KS., Heo, KY., Jun, K. et al. Development of the operational oceanographic system of Korea[J]. Ocean Science Journal,2015,50: 353-369.

[13] 高建文, 肖双爱, 虞志刚, 等. 面向海洋全方位综合感知的一体化通信网络[J]. 中国电子科学研究院学报, 2020, 15(4):343-349,363.

[14] Reinhard K. Concise Computer Vision[M]. Springer. ISBN 978-1-4471-6320-6. 2014.

[15] David H Hubel,Torsten N Wiesel. Early exploration of the visual cortex[J]. Neuron, 1998,20(3): 401-412.

[16] 罗会兰, 王婵娟, 卢飞. 视频行为识别综述[J]. 通信学报, 2018, 39(6):169-180.

[17] Gómez Diego,Salvador Pablo,Sanz Julia,Casanova José Luis. A new approach to monitor water quality in the Menor sea(Spain)using satellite data and machine learning methods[J]. Environmental Pollution,2021,286.

[18] Li Xiaofeng, Liu Bin, Zheng Gang, et al. Deep-learning-based information mining from ocean remote-sensing imagery[J]. National Science Review, 2020,7(10):1584-1605.

第2章 基于卫星遥感影像的海洋中尺度现象识别和时空分析

2.1 中尺度现象概况

海洋中尺度现象通常指的是时间尺度在数天至数月之间，空间尺度在数十到数百千米之间的一类海洋过程[1]，它们既不同于潮汐、波浪等短周期现象，也有别于洋流等大尺度现象和周年、年际、年代际变化等长周期过程。因此海洋的中尺度现象通常也被称为海洋的中尺度变异，具体而言，洋流的蛇形、中尺度涡、沿岸上升流、锋面和锋面涡、沿岸陷波及某些中尺度环流均可归入中尺度现象的范畴。中尺度现象在实际的海洋气候中发挥着重要的作用，例如海洋混合、“空气－海洋”交互等，是引起实际海洋环境空间分布变化的主要因素。对于我国周边海域来说，中尺度现象主要包括中尺度涡、黑潮、内波、海洋锋等。

（1）中尺度涡：是海洋中一种重要的海洋现象，广泛存在于世界大洋与边缘海中。典型的海洋中尺度涡旋多发地在强西边界洋流附近（例如黑潮延伸体、墨西哥湾流附近），同时在中国南海、孟加拉湾海域等闭合半闭合海域也广泛存在。中尺度涡在海洋中呈现出非规则三维螺旋状结构，空间尺度达 10～100km，并以数米每秒的自转和水平移动速度在海洋中持续数十天到数百天，且垂直影响深度可达数千米，携带了全球海洋中超过 90% 的动能，影响海洋中的能量传递和物质运输。

（2）海洋锋：是海洋中不同水系或水团之间的狭窄过渡带，存在于海洋的表层、中层和近底层，具有时间和空间上多尺度特性，其空间尺寸小至几分之一米，大到 10 000km，且常维持数小时到数月之久。受海洋环境影响，锋面呈现明显的不稳定性，位置和强度都会随时间或季节有不同的变化，同时存在渐变性的过程和各种尺度的表现形式的弯曲。大量的研究发现海洋锋对天气和气候的影响很大，在锋面存在的海域，水文要素（如温度、盐度、营养盐、水色等）会显现出剧烈变化的特征，造成该区域的热量、能量和水汽的交换异常活跃。在形成海洋锋面的水团中，由不同水体携运的营养盐类在锋区较为丰富，常有浮游植物在此大量繁殖，从而为浮游动物和鱼类提供充足的饵料。

2.2　中尺度现象的识别与检测方法

20 世纪 70 年代以来，国内外学者就已开展了大量大洋内部中尺度涡和海洋锋的相关研究，取得很大的进展，并积累了较多有突破的研究成果。同时，随着卫星遥感平台的不断发展和现场观测资料的持续积累，对于海洋涡旋和海洋锋的时空特征和变化规律的认识也不断深入。在中国近海区域（如南海、东海），国内外尤其是国内学者也很早就开始海洋涡旋和海洋锋的研究工作。

2.2.1　中尺度涡的识别与检测方法

2.2.1.1　中尺度涡数据源

目前用于涡旋信息提取的主要数据有卫星高度计数据（SLA）、海表温度数据（SST）、叶绿素浓度（Chl–a）数据、表层漂流浮标数据（Argos）、合成孔径雷达数据（SAR）以及各种模式模拟数据等。此外，基于 Argo 剖面浮标、船载探测器和固定潜标数据等各种现场观测数据常用以研究涡旋的三维结构特征[2]。其中，常用高度计数据来源于法国卫星海洋存档数据中心（Archiving Validation and Interpretation of Satellite Oceanographic，AVISO）提供的地转流速和海表面高度异常（SLA）。AVISO 提供的多星融合高度计数据来自 ERS–1/2、Envisat、Topex/Poseidon 及其后续卫星 Jason–1/2 的观测数据融合得到，纠正了相关的仪器误差、环境干扰、海况误差、潮汐干扰和反变气压计影响等因素的影响。相比单一卫星高度计数据，多源卫星融合数据提供了更高的时空分辨率。而常用表层漂流浮标数据来源于美国国家海洋和大气管理局（National Oceanic and Atmospheric Administration，NOAA）提供的 Argos 表层浮标漂流轨迹数据，轨迹数据包括每隔 6h 获取的水帆位于水下 15m 的漂流浮标经纬度定位信息和速度数据。

卫星高度计数据（SLA）作为海洋中尺度涡旋中最主要的资料来源，基于高度计数据涡旋自动探测方法主要有如下几种算法：第一种是基于海表面高度异常等值线算法，其主要辨别方法是在水深足够深的海域（一般 200m

以深），提取闭合海表面高度异常等值线闭合的区域确定为涡旋区域，同时满足涡旋内部中心和边界高度差大于固定阈值（通常设置为 8cm 或 7.5cm），以及生命周期不小于 30 天；第二种为 Okubo–Weiss 算法（OW 算法），该方法根据 Okubo–Weiss 参数确定涡旋中心和边界位置，Okubo–Weiss 参数由速度场的剪切、拉伸和相对涡度计算得到；第三种为 Winding–Angle 算法（WA 算法），在移动窗口中先寻找局地海表高度异常的极值点（涡旋中心点），之后在极值点向外探测海表高度异常等值线，最外层即为涡旋边界。

基于海表温度遥感数据（SST）自动提取涡旋的算法主要分为：基于图形边缘的检测算法、神经网络识别算法、闭合等温线识别涡旋算法，以及首先利用温度场计算得到海表热成风速度场，再根据速度场几何特征提取涡旋的算法。同时，前人也利用高精度 SAR 影像和水色卫星数据对涡旋进行信息提取，其高分辨率的数据可观测到涡旋的精细结构。

基于表层漂流浮标数据的涡旋提取算法，被称为拉格朗日涡旋提取算法，主要通过识别浮标轨迹内形成的闭合回路来提取涡旋，这种轨迹回路可以由海盆尺度的环流、中尺度涡、亚中尺度涡或更小尺度的局地动力扰动（如惯性振荡）产生。常用的自动提取方法包括：一是基于拉格朗日随机模型（LSM）计算漂流浮标轨迹的旋转率来识别涡旋；二是基于椭圆分歧模型识别闭合回路；三是基于回路的几何方法探测涡旋。

2.2.1.2 中尺度涡的识别方法

目标识别是指一种类型的目标从其他类型的目标中被区分出来的过程。中尺度涡识别即表示将图像中尺度涡和背景进行区分的一个过程。基于不同数据来源的涡旋提取的分析可知，国内外基于中尺度涡识别研究方法大致可分为三类：一是基于物理参数方法；二是基于几何特征方法；三是基于海表面高度异常值方法；四是基于机器学习（machine learning，ML）方法。

1）基于物理参数方法

基于物理参数算法是将海洋涡旋的一些先验物理属性作为参数的阈值，然后不断搜索邻近区域计算物理参数值，例如压力、涡度、旋度、振幅、速度矢量等，通过阈值判断来识别中尺度涡。OW 参数法和小波分析法（wavelet analysis）作为常用物理参数法，目前已应用在各个海域的涡旋自动识别和研究。通常以特定的物理参数（如压力、涡度、旋度、速度梯度张量或形变张量等）作为阈值条件，进行海洋涡旋检测识别。

OW 算法[3, 4]在 2003 年由 Isern Fontanet 提出，OW 算法通过计算雷达

高度计所获取的海平面高度异常值（h）的一阶导数得到位置（x，y）正东方向的地转速度（u）和正北方向的地转速度（v），计算公式如下

$$u = \frac{-g\partial h}{f\partial x} \tag{2-1}$$

$$v = \frac{g\partial h}{f\partial x} \tag{2-2}$$

式中：g 是重力加速度；f 是科氏力参数。计算得到海表面水体的涡度 $w = \frac{\partial v}{\partial x} - \frac{\partial u}{\partial y}$、正应变 $S_n = \frac{\partial v}{\partial x} - \frac{\partial u}{\partial y}$ 和剪切应变 $S_s = \frac{\partial v}{\partial x} - \frac{\partial u}{\partial y}$，得到每个像素的 W 值为

$$W = S_n^2 + S_s^2 - w^2 \tag{2-3}$$

式中：w、S_s 和 S_n 分别表示相对涡度、剪切形变率、拉伸形变率。当 W 值小于 0 时，把速度场数据分为涡旋海域；当 W 值大于 0 时，把速度场数据分为非涡旋海域。并且标记涡度值较高的海域为海洋中尺度涡。

然而，W 阈值会影响海域中尺度涡的识别精度。这是因为 OW 算法没有定义统一的阈值认定像素是否为高涡度。虽然有很多研究者基于针对特定海域的经验参数设置 W 的标准差阈值为 –0.2，但是该阈值并不适用于其他海域，在该阈值下其他海域对海洋中尺度涡的识别结果精确度较低。其次，OW 算法对于海洋中尺度涡的误判率较高。研究表明 OW 算法在逐渐降低或增加阈值时，很有可能会漏判信号较弱的海洋中尺度涡。除此以外，OW 算法在计算海表面高度数据的二阶导数的过程中会不断放大噪声，影响海洋中尺度涡的检测精度。

小波分析法由 Doglioli 等于 2007 年提出[5]，该方法将海洋相对涡场扩展到小波基空间，通过重建涡度平滑场，将重建后的非零涡度区域视为识别到的海洋涡旋，在涡度平滑场重建过程中将小波系数设为最大，同时为了减少对小尺度涡旋的误判，添加了对海洋涡旋最小尺寸限制。此外，为了更好地研究海洋涡旋从生成到消失的全过程，Doglioli 等还将小波分析方法和涡旋轨迹追踪相匹配，全面了解涡旋演化全程的内部结构变化[6]。

2）基于几何特征方法

基于几何特征方法主要依据速度场中的几何特征或曲率来识别涡旋。以 WA 算法为代表的基于几何特征的方法，将涡旋区域假定为速度矢量围绕某个中心点旋转后所获得的区域。具体而言，WA 算法首先通过搜索窗口将该窗口区域内搜索到的局部极大值（局部极小值）设置为反气旋涡（气旋涡）的涡旋中心。其次，从速度场中计算得到地转流场流线，根据式（2–1）和

式（2-2）可以得到正东方向和正北方向的地转速度异常分量。最后，依据 Winding-Angle 准则筛选闭合流线以便聚类流线进而提取海洋中尺度涡的边界。其中，Winding-Angle 准则通过累计所有流线段的方向改变值计算得到整个流线的方向改变值，当流线的 Winding-Angle $|\alpha| \geqslant 2\pi$ 且呈现为闭合流线时判定该区域为海洋中尺度涡所在的区域。

除 WA 算法外，Nencioli 等[7]提出一种基于速度矢量的几何形状来检测涡流的方法，从涡流存在时速度场的一般特征出发，得到了表征涡流中心周围速度矢量空间分布的 4 个约束条件：

（1）沿着一个东西（EW）方向上，v 必须在涡旋中心上符号方向相反，并且它的大小必须在远离涡旋中心的地方逐渐增加。

（2）沿着一个南北（NS）方向上，u 必须在涡旋中心上符号方向相反，并且它的大小必须在远离它的地方增加，旋转的方向必须与 v 相同。

（3）速度大小在涡旋中心有局部最小值。

（4）在涡旋中心周围，速度矢量的方向必须以恒定的旋转方式改变，两个相邻速度矢量的方向必须位于同一或两个相邻象限内。

将满足这四个约束的网格点检测为涡流中心。

随着海洋中尺度涡自动识别研究的不断发展，很多学者充分利用两类方法的优势基于物理参数、几何特征的混合方式进行中尺度涡的自动识别。如：Yi 等[8]将基于物理参数的 OW 方法和基于海表面高度异常的 SSH 结合在一起，提出了一种混合式的涡旋自动检测算法（hybrid detection，HD 方法），提高了涡旋检测的准确性，并实现对多核涡构造的提取和处理。该方法大致分为三步：采用混合方法来识别涡流中心；定义和提取涡流边界；多核涡的识别和边界恢复。

3）基于海表面高度异常值的方法

海洋涡旋自身具有高度旋转的特性，其在运动时对海洋表面的海水高度产生影响，成为海洋涡旋最重要的特征，海洋表面高度随气旋生成并移动的路径上呈现不同程度的下降。因此，提取海洋最外表面的高度等值线，探测海洋涡旋边缘的位置，是探测和识别涡旋的关键。这成为识别海洋涡旋最直接有效的方法。Roemmich 等[9]首次基于海表面高度等值线算法研究海洋涡旋，并将涡旋中心和边缘之间的海平面高度异常差的临界值定义为 7.5cm。基于海面高度数据异常值的方法无须计算地转流，计算过程相比 OW 参数法和 WA 算法简单，而且得到的结果更加直观。但是，基于海面高度数据异常值检测到的海洋涡旋面积通常大于真实值，因此该类方法及其拓展方法仍具有改进的空间。

通常，单一算法很难取得较好的海洋涡旋检测结果，对此海洋学研究者通过将不同算法相结合形成混合算法，实现不同算法的取长补短。混合算法具有各自算法的优点，在相当程度上提高了海洋涡旋检测的准确率，但是混合算法对历史数据的质量要求较高，并强烈依赖于专家经验，因此检测涡旋的效率依旧较低[6]。

4）基于机器学习的方法

随着深度学习研究的不断深入，CNN 和 R-CNN 在图像识别、语音识别、目标识别等各种场景上取得了巨大的成功。近年来，海洋学家也尝试用机器学习的方法来解决涡旋识别问题，并不断受到关注。CNN 作为深度学习（deep learning）的代表算法之一，是一类包含卷积计算且具有深度结构的前馈神经网络（feedforward neural networks）。在 CNN 基础上，多种融合深度学习的中尺度海洋涡旋、海洋锋方法相继被提出，并取得了较高的检测精度。CNN 具有表征学习（representation learning）能力，能够按其阶层结构对输入信息进行平移不变分类（shift–invariant classification）。CNN 输出的结果是每幅图像的特定特征空间。当处理图像分类任务时，把 CNN 输出的特征空间作为全连接层或全连接神经网络（fully connected neural network，FCN）的输入，用全连接层来完成从输入图像到标签集的映射，即分类。目前主流的 CNN，比如 VGG、ResNet 都是由简单的 CNN 调整、组合得到。基础的 CNN 由卷积（convolution）、激活（activation）和池化（pooling）三种结构组成。

（1）卷积层。卷积层的功能是对输入数据进行特征提取，其内部包含多个卷积核，组成卷积核的每个元素都对应一个权重系数和一个偏差量（bias vector），类似于一个前馈神经网络的神经元（neuron）；卷积层参数包括卷积核大小、步长和填充，三者共同决定了卷积层输出特征图的尺寸，是卷积神经网络的超参数。其中，卷积核大小可以指定为小于输入图像尺寸的任意值，卷积核越大，可提取的输入特征越复杂。

（2）激活层。在卷积层进行特征提取后，输出的特征图会被传递至池化层进行特征选择和信息过滤。池化是一种降采样操作（subsampling），主要目标是降低 feature maps 的特征空间，可以认为是降低 feature maps 的分辨率，池化层包含预设定的池化函数，其功能是将特征图中单个点的结果替换为其相邻区域的特征图统计量。目前主要的池化操作有：最大值池化（max pooling），如图 2–1 所示，2×2 的 max pooling 即取 4 个像素点中最大值保留；

2×2 的平均值池化（average pooling），即取 4 个像素点中平均值保留；L2 池化（L2 pooling），即取均方值保留。

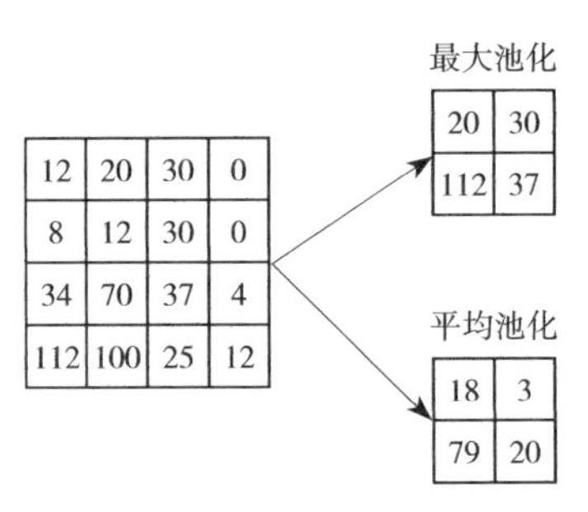

图 2-1　池化过程

（3）全连接层。全连接层（fully connected layer）位于卷积神经网络的最后部分，主要目的是分类。特征图在全连接层中会失去空间拓扑结构，它被展开为一维向量并通过激励函数进行非线性映射。按表征学习观点，卷积神经网络中的卷积层和池化层能够对输入数据进行特征提取，全连接层的作用则是对提取的特征进行非线性组合以得到输出。

2.2.2　海洋锋的识别与检测方法

2.2.2.1　海洋锋数据源

海洋锋研究的常用数据源包括现场观测资料、卫星遥感资料和再分析资料。海洋现场观测是利用接触式海洋观测仪器获取实测水文资料，是揭示海洋中某些现象及其变化规律的重要手段。随着卫星遥感数据在时、空分辨率上的提高以及多种数据融合技术的发展，全覆盖、长时间序列的遥感资料成为海洋学者的关注，利用卫星遥感资料及再分析资料对海洋表层锋面现象进行研究成为海洋锋研究的主要途径。尤其是数据源丰富、时空分辨率高的红外遥感资料，成为目前海洋锋研究最多的数据。而海表温度锋（sea surface temperatures front，SSTF）作为海洋锋的一种重要表现形式，常用来研究海洋锋。

目前，常用的卫星遥感资料和再分析资料主要来源于美国国家航空航天局（NASA）提供的中高分辨率成像光谱仪 MODIS（moderate resolution imaging spectroradiometer）海温再分析数据、美国国家海洋大气管理局（National Oceanic and Atmospheric Administration's National Climatic Data Center）提供的 AVHRR（advanced very high resolution radiometer）红外遥感

的日平均 SST 资料（Optimum Interpolation SST Version 2，OISST V2）和英国 Hadley 中心下载的全球月平均海表温度 HadISST 数据资料，用于海洋锋的相关研究。

MODIS 由美国 NASA 对地观测组织实施，搭载于 Terra 和 Aqua 两颗太阳同步极轨卫星上，MODIS 传感器在波段数、数据分辨率及应用范围等方面都有显著提升，拥有红外和可见光多个光谱通道。Terra 和 Aqua 卫星分别于 2000 年和 2002 年投入运行。NASA 提供了 4.63km 和 9.26km 两种空间分辨率的 SST 数据，根据光谱通道的波长范围，可将 SST 分为热红外（波长范围 11 ~ 12 μm）和中红外（波长范围 3.8 ~ 4.1 μm）两种。获取的数据综合考虑了红外数据高空间分辨率及微波数据良好穿透性的优势。图 2–2 所示为 2020 年 12 月 Terra 平均全球海表温度数据。

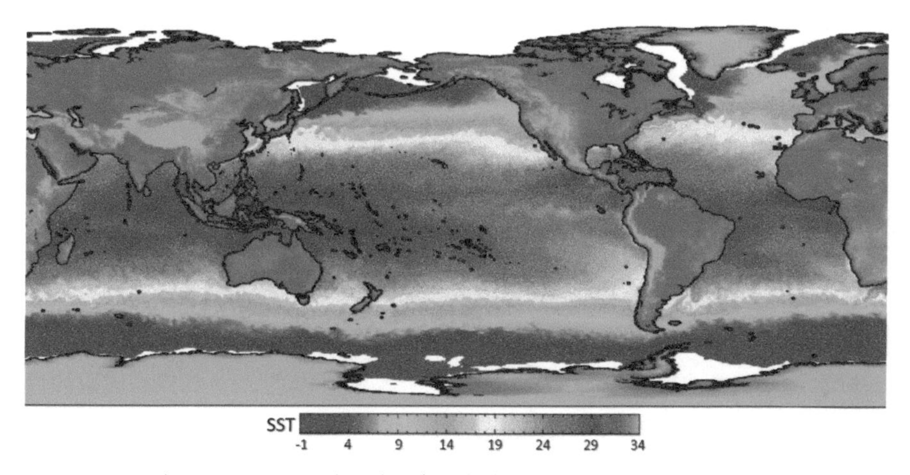

图 2–2　2020 年 12 月 Terra 平均全球海表温度数据

基于 SST 的海洋锋对应影像上的边缘信息，海洋锋面的提取常认为是边缘检测的过程。与陆地或其他有固定形态的影像不同，形成海洋锋的 SST 在空间分布上呈渐变特性，且不同水团间无明显的分界线，存在边缘信息不明显、对比度弱等问题，而呈现弱边缘性。面对锋面的弱边缘特性，使用传统的梯度方法进行锋面提取时，阈值选取过大，弱边缘信息丢失较为严重；阈值选取过小，噪声干扰较为严重。

受海洋动力环境和海气相互作用的影响，海洋锋在 SST 影像中呈现显著的区域差异性及尺度、形态的不稳定性。同时，受卫星遥感技术限制及人工转换时的误差影响，获取到的海洋锋边缘信息不连续，传统海洋锋检测方法难以满足对这类锋面的检测精度上的要求。且由于季节性太阳辐射影响，短时间内海水温度变化小，时常导致海洋锋面消失，造成有效、可用的海洋锋数据极度匮乏。

2.2.2.2 海洋锋的识别方法

遥感技术能在同一时间获取大面积海洋要素观测数据，大量的海洋遥感实时资料和大范围的现场观测数据，成为研究全球海洋锋检测及其时空变化的关键。在海洋锋检测任务中，人们普遍利用 SST 遥感影像研究海洋锋，旨在从影像中提取海温过渡带和锋线，以此作为识别中尺度海洋锋的关键。20 世纪 70 年代以来，海洋锋的检测研究已取得很大的发展，分为传统方法和自动检测方法两大类。传统海洋锋的识别方法常分为四类：梯度算法、信息熵算法、直方图算法及数学形态学算法。

1）梯度算法

梯度算法及传统边缘检测算法是应用最广泛的海洋锋识别算法，常用梯度算法有 Sobel 算子、Prewitt 算子、Laplace 算子及其他梯度算子，通过选取锋区水文要素的高梯度值作为阈值，实现海洋锋面的提取。梯度计算是基于给定的模板，利用图像像元及领域信息进行梯度的计算，Sobel 和 Canny 是目前较为常用的梯度算子，其运算简单、快速，被广泛应用在梯度计算、边缘检测及锋面检测等多个领域。

（1）Sobel 算法。Sobel 算法是利用固定的边缘检测算子对图像进行相应计算，结合高斯平滑和微分求导计算灰度图像近似梯度，达到锋面提取的目的。Sobel 梯度计算模板如图 2–3 所示。

–1	–2	–1
0	0	0
1	2	1

–1	0	1
–2	0	2
–1	0	1

图 2–3　Sobel边缘检测算子模板

按照给定模板对图像中像元进行卷积运算，计算 x、y 两个方向上的一阶导数，分别记为 $Grad\_T_x$ 和 $Grad\_T_y$。并针对图像中任一像元，取其领域像元，E 为中心像元点，如图 2–4 所示。

A	B	C
D	E	F
G	H	I

图 2–4　像元点邻域

则像元点 E 点在 x 和 y 方向上的梯度由式（2–4）和式（2–5）计算得到。

$$Grad\_T_x = T_G + 2T_H + T_I - T_A - 2T_B - T_C \tag{2-4}$$

$$Grad\_T_y = T_C + 2T_F + T_I - T_A - 2T_D - T_G \tag{2-5}$$

式中：T_A 为 A 点的像素值，因此，E 像元点的像素梯度可由式（2–6）计算得到。

$$Grad\_T_E = (Grad\_T_x^2 + Grad\_T_y^2)^{\frac{1}{2}} \tag{2-6}$$

以此遍历得到所有像元的梯度影像。通过设置合适的阈值，完成海洋锋面的提取。Sobel 算法能有效提高遥感影像边缘信息的可视性，同时考虑了各邻域像元对边缘提取结果影响及影响程度的差异，并在一定程度上抑制了噪声对锋面提取结果的干扰。图 2–5a 影像基于 Sobel 边缘检测完成海洋锋面的提取，图 2–5b 为计算 x 轴方向梯度的检测结果，图 2–5c 为计算 y 轴方向梯度的检测结果，图 2–5d 为同时计算 x、y 轴方向梯度的检测结果。

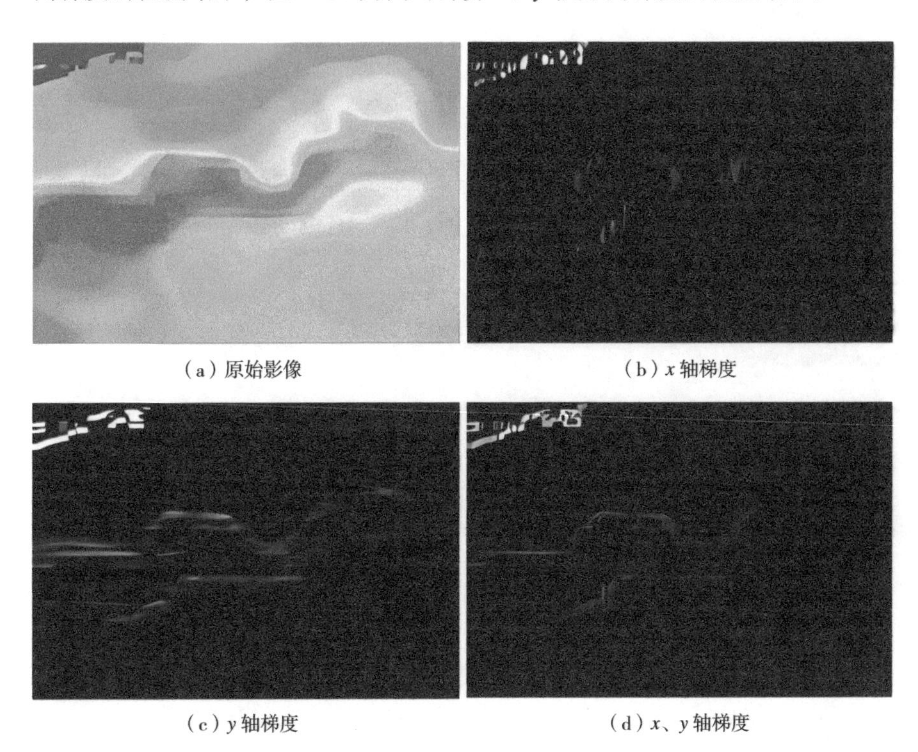

（a）原始影像　（b）x 轴梯度　（c）y 轴梯度　（d）x、y 轴梯度

图 2–5　Sobel 的海洋锋边缘检测结果

（2）Canny 算法。Canny 边缘检测算子是 John F.Canny 于 1986 年开发的一种多级边缘检测算法，是目前在锋面信息提取研究中应用最广泛的边缘检测方法。Canny 算法求边缘点的基本步骤包括高斯滤波器平滑图像、偏导

差分求解梯度幅值、梯度幅值非极大值抑制、双阈值算法检测和连接边缘，具体分解为以下七个步骤：

步骤一：灰度化

对获取的多通道彩色影像，按照 Canny 算法彩色图像变成灰度图像，如图 2-6 所示。以 RGB 格式的彩图为例，通常采用式（2-7）对影像进行灰度化处理。

$$Gray = 0.299R + 0.587G + 0.11B \tag{2-7}$$

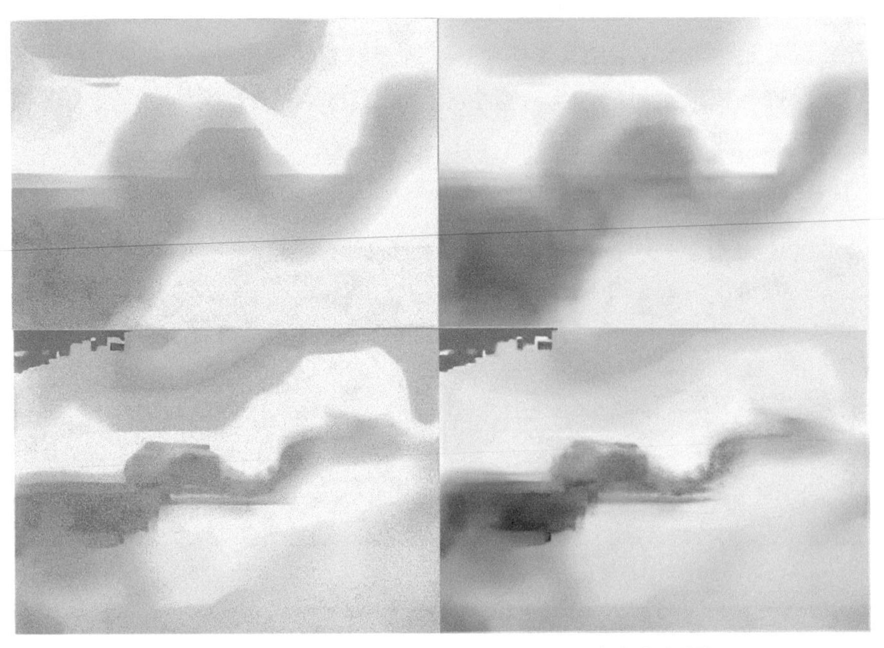

（a）原始影像　　（b）灰度影像

图 2-6　灰度化处理

步骤二：高斯滤波

为消除图像噪声，使用高斯平滑滤波器卷积降噪。图像高斯滤波可以用两个一维高斯核分别进行 x 方向和 y 方向卷积加权实现，如式（2-8）所示；σ 为高斯分布的标准差；也可使用二维卷积函数，如式（2-9）所示。

$$K = \frac{1}{\sqrt{2\pi}\sigma} e^{-\frac{x^2}{2\sigma^2}} \tag{2-8}$$

$$K = \frac{1}{2\pi\sigma^2} e^{-\frac{x^2+y^2}{2\sigma^2}} \tag{2-9}$$

步骤三：计算梯度值和方向

图像的边缘可以指向不同方向，常用的边缘差分算子（如 Rober、Prewitt）通常计算水平和垂直方向的梯度，分别记作 G_x 和 G_y，根据式（2–10）和式（2–11）计算像元的梯度值和方向。

$$G = \sqrt{G_x^2 + G_y^2} \tag{2-10}$$

$$\theta = arctan2(G_y / G_x) \tag{2-11}$$

步骤四：非极大值抑制

非极大值抑制是进行边缘检测的一个重要步骤，用以排除非边缘像素，保留候选边缘。

步骤五：双阈值的选取

传统边缘检测算法是利用单阈值来滤除噪声或颜色变化造成的小梯度值，仅保留较大梯度值。Canny 算法应用高低双阈值区分边缘像素，若边缘像素点梯度值大于高阈值，则认为是强边缘点。若小于高阈值，大于低阈值，则标记为弱边缘点，小于低阈值的点则会被抑制掉。

步骤六：滞后边界跟踪

Canny 算法的最后一步使用了滞后阈值，根据选取的高、低双阈值，完成边缘信息的取舍。若某一像素梯度值超过高阈值，该像素被保留为边缘像素；小于低阈值，则会被舍弃；处于两阈值之间的像素，该像素仅在连接到高于高阈值的像素时被保留。

步骤七：结果输出

图 2–7a 影像基于 Canny 边缘检测完成海洋锋面的提取，分别采用不同的高、低阈值对比检测结果，图 2–7b 为高阈值 100、低阈值 50 检测结果，图 2–7c 为高阈值 100、低阈值 10 检测结果。

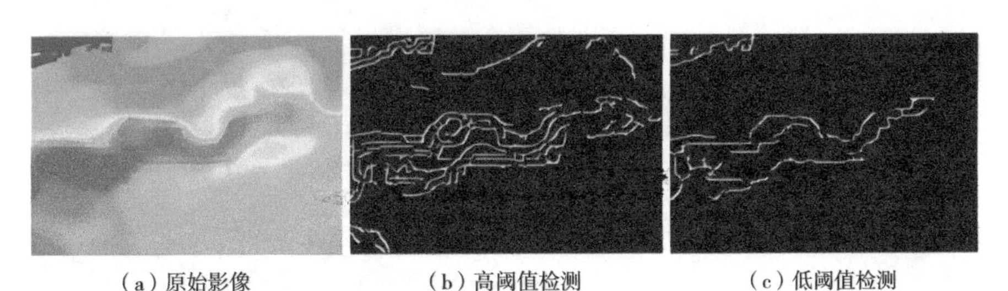

（a）原始影像　（b）高阈值检测　（c）低阈值检测

图 2–7　Canny 边缘检测

由图 2–7 结果可知，Canny 边缘检测的效果较为显著。相比普通的梯度算法大大抑制了噪声引起的伪边缘，且边缘细化，易于后续处理。

（3）Laplace 算子。拉普拉斯算子（Laplace operator）作为边缘检测之一，是一种常用的积分变换，属于空间锐化滤波操作。Laplace 算子是最简单的二阶微分算子，具有旋转不变性。根据函数微分的特性，像素值的二阶微分点为0的点为边缘点，利用二次微分特性与峰值间的过零点确定边缘的位置。对于二维图像函数 $f(x,\ y)$，图像的 Laplace 算子为

$$\nabla^2 f(x,\ y)=\frac{\partial^2 f}{\partial x^2}+\frac{\partial^2 f}{\partial y^2} \tag{2-12}$$

其在 x 和 y 方向的一阶和二阶导数分别如式（2–13）、式（2–14）所示。

$$\left.\begin{aligned}\frac{\partial f}{\partial x}&=f(x+1,y)-f(x,y)\\\frac{\partial^2 f}{\partial x^2}&=f(x+1,y)+f(x-1,y)-2f(x,y)\end{aligned}\right\} \tag{2-13}$$

$$\left.\begin{aligned}\frac{\partial f}{\partial y}&=f(x,y+1)-f(x,y)\\\frac{\partial^2 f}{\partial y^2}&=f(x,y+1)+f(x,y-1)-2f(x,y)\end{aligned}\right\} \tag{2-14}$$

则二阶 Laplace 算子的表达式为

$$\begin{aligned}\nabla^2 f(x,y)&=\frac{\partial^2 f}{\partial x^2}+\frac{\partial^2 f}{\partial y^2}\\&=f(x,y+1)+f(x,y-1)+f(x+1,y)+f(x-1,y)-4f(x,y)\end{aligned} \tag{2-15}$$

对图 2–8a 影像基于 Laplace 算子完成海洋锋面边缘检测，检测结果如图 2–8b 所示。

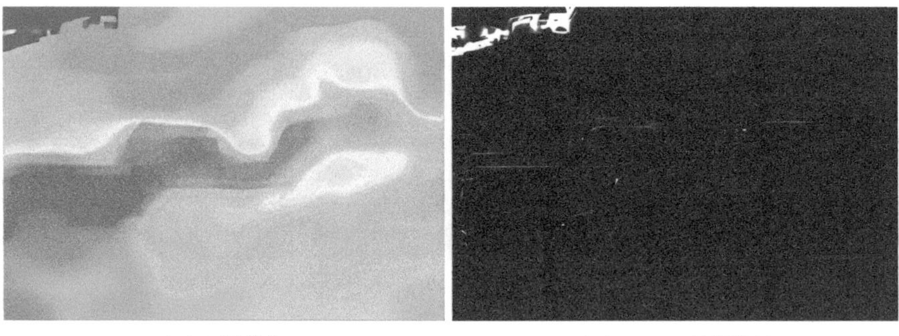

（a）原始影像　　（b）Laplace 检测结果

图 2–8　Laplace 算子边缘检测

综合国内外学者对海洋锋的研究发现，基于梯度阈值方式对海洋锋进行特征提取及识别过程中，需要设定合理的梯度指标，其划定标准不统一，不同海域和不同季节，划分和定义标准也不同。

2）信息熵算法

熵检测法是 Vazquez 等借助 Jensen–Shannon（JS）散度提出的一种边缘检测方法，可大大降低脉冲噪声和高斯噪声对锋面检测的影响。熵算法首先计算检测区局部区域的 JS 熵值，将其与阈值比较得到锋面点，并基于边缘连接算法得到最终的锋面。JS 熵值可由式（2–16）得到。

$$D\left[p^{(1)}, p^{(2)}, \cdots, p^{(m)}\right]=H\left[\sum_{j=1}^{m}\pi^{(j)}p^{(j)}\right]-\sum_{j=1}^{m}\pi^{(j)}H\left[p^{(j)}\right] \quad (2\text{–}16)$$

式中：$H[p]=-\sum_{i=1}^{k}p_i\log_2 p_i$ 表示概率分布的 Shannon 熵，用于评价分布的离散度。$p^{(j)}=(p_1^{\ j}, p_2^{\ j}, \cdots, p_k^{\ j})$是第 j 个独立的概率分布，满足

$$\sum_{i=1}^{k}p_i^{(j)}=1 \quad 0\leqslant p_i^{(j)}\leqslant 1(i=1, 2, \cdots, k) \quad (2\text{–}17)$$

分布权重由式（2–18）得到

$$\pi=\left\{\pi^{(1)}, \pi^{(2)}, \cdots, \pi^{(m)}\middle|\pi^{(i)}>0, \sum_{i=1}^{m}\pi^{(i)}=1\right\} \quad (2\text{–}18)$$

取水平、垂直和左右对角线相邻的两个 $n\times n$ 像元作为检测影像的子窗口，计算子窗口中两个 $n\times n$ 像元的 JS 熵值，并取最大的熵值赋给中心像元。遍历整景影像，得到熵值影像。通过与预设的阈值比较，得到锋面像元点影像，最后利用边缘连接算法完成海洋锋面的检测[10]。图 2–9b 所示为基于熵检测方法对图 2–9a 影像的检测效果。

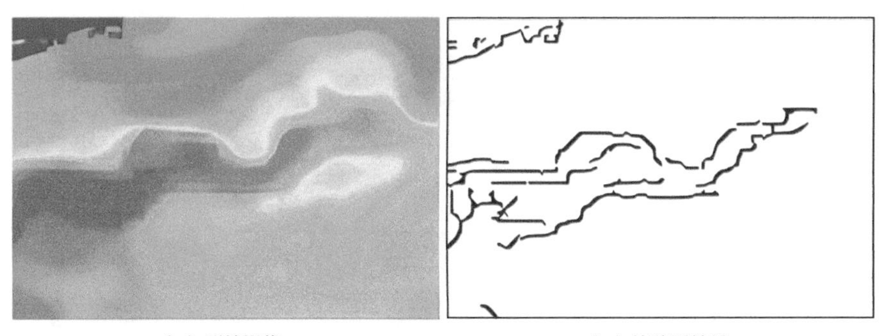

（a）原始影像　　（b）熵检测结果

图 2–9　熵边缘检测

3）直方图算法

1992 年 Cayula 等考虑到海洋锋两侧水团特征具有明显区别，提出了基于直方图分析的 SIED（single image edge detection）算法，该算法检测效果良好，并具有较好的鲁棒性，目前被广泛应用于海洋锋的检测，并被认为是最好的锋面检测方法。直方图是重要的图像特征表现形式，通过统计图像中每个灰度值出现的次数，计算其出现的概率；其次，根据变换公式计算直方图均衡化的变换函数，并基于变换函数映射到各像素点，最终输出映射后的图像。

图像直方图处理算法主要包含三个层面：图像层、窗口层和局部层。窗口层根据需要可将影像分割成部分重叠的固定像素的子窗口，并统计每一子窗口的直方分布图，是算法的核心。当子窗口直方图呈双峰结构且像素可分，将波谷的像元值作为阈值，确定锋面点。为减小窗口边缘对锋面检测的影响，根据需要设置固定步长，将窗口按照设定步长从左至右、从上至下进行移动。图像层主要进行云检测和去云干扰。局部层是基于边缘跟踪算法将锋面点连接成锋面，并舍弃锋面不明显或较小的锋面。具体检测流程如图 2–10 所示。

基于上述介绍，为检验图像直方图处理方法的检测效果，选用中国近海的黑潮锋数据进行验证，如图 2–11 所示。具体过程为：首先计算影像的灰度影像，如图 2–12a 所示，并基于单通道的局部直方图均衡化输出检测结果，如图 2–12b 所示，图 2–12c 为基于 CLAHE 算法增强的检测结果。

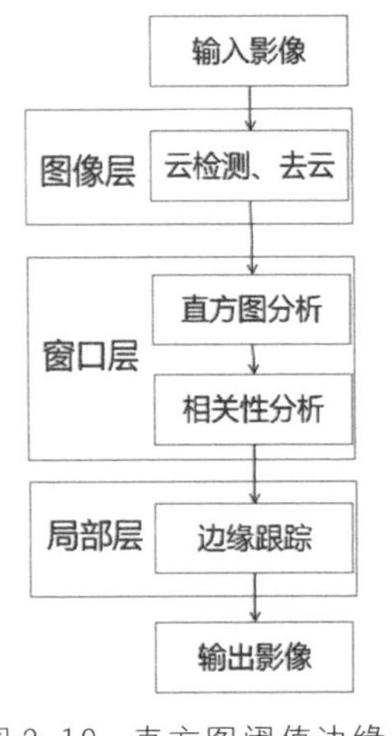

图 2–10　直方图阈值边缘检测流程

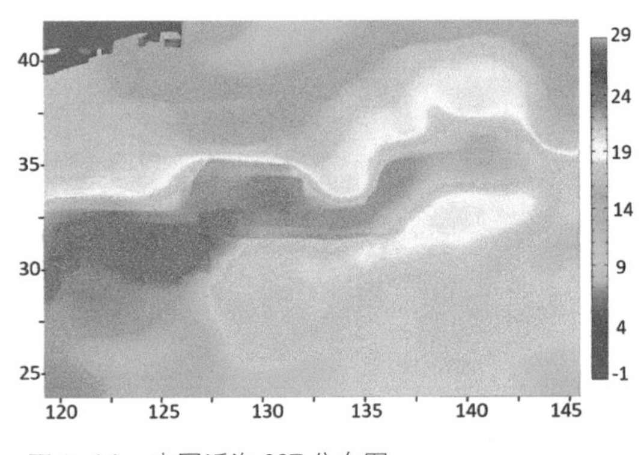

图 2–11　中国近海 SST 分布图

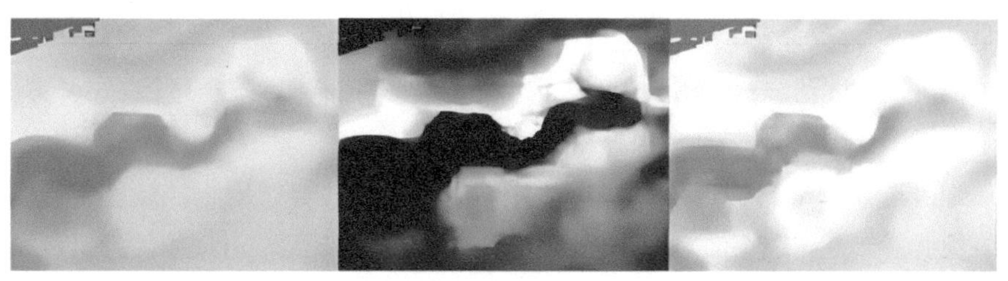

（a）灰度影像　　（b）检测结果　　（c）加强检测结果

图 2-12　基于局部直方图均衡化的海洋锋检测

4）数学形态学算法

海洋锋具有弱边缘特性，基于 SST 遥感影像的海洋锋线信息检测属于海洋要素场的高频信息提取，检测难度较大[11]。针对海洋锋的弱边缘性，传统边缘提取算法很难达到理想效果，对海洋锋进行多尺度描述、分析成为提高检测精度的关键。目前数学形态学被广泛应用于海洋锋检测，通过对结构元素尺寸的膨胀和腐蚀，形成序列尺度下的图像，有效解决了抗噪能力与检测精度之间的矛盾。

用数学形态学的方法进行边缘检测，通常选取一定的结构元素来进行对图像的腐蚀与膨胀。腐蚀与膨胀是形态变换的两个基本运算，它们的二次运算构成了开、闭运算，可由式（2-19）~ 式（2-24）构造出几种形态学梯度，包括膨胀型 $Grad_1$、腐蚀型 $Grad_2$、膨胀腐蚀型 $Grad_3$（即形态学算子）、开运算型 $Grad_4$（即 Hop-Hat 变化）、闭运算型 $Grad_5$、开闭运算型 $Grad_6$，图像边缘可以通过原图像与腐蚀后的图像相减得到，也可以通过膨胀后的图像与原图像相减得到。通过选取合适的结构元素不仅可以滤除噪声，同时保留原图像的信息，还能够提取较为光滑的边缘，同时对噪声不敏感，既能满足实时性的要求，又容易硬件实现。

$$Grad_1=f \oplus B-f \tag{2-19}$$

$$Grad_2=f-f \ominus B \tag{2-20}$$

$$Grad_3=f \oplus B-f \ominus B \tag{2-21}$$

$$Grad_4=f-f \circ B \tag{2-22}$$

$$Grad_5=f \cdot B-f \tag{2-23}$$

$$Grad_6=f \cdot B-f \circ B \tag{2-24}$$

式中：图像用 $f(x, y)$ 表示，结构元素用 B 表示，且 B 中包含坐标原点。

除以上常用方法外，小波理论也被广泛用于海洋锋的检测，其核心思想是基于多尺度分析，大尺度能够提取出信号边缘信息，抗干扰性较强，但边缘的定位精度较差；而在小尺度影像上边缘定位较准确，但噪声较大。

5）基于深度学习的海洋锋检测

由于 SST 遥感影像中海洋锋边缘信息不明显、对比度不强，呈现弱边缘性，因此，传统算法对细小边缘检测效果差。在深度学习在图像识别领域发展的推动下，针对传统的海洋锋检测方法的不足，融合深度学习的海洋锋检测方法成为目前研究的热点。在 CNN 和 R–CNN 在图像识别、语音识别、目标识别领域发展基础上，基于 CNN 及改进 CNN 网络的海洋锋检测得到很大的发展。目前，对基于深度学习的海洋锋检测主要分为两种：一种是针对海洋锋特征，搭建新型浅层网络，完成海洋锋的检测，该类方法检测精度不高，鲁棒性差，对不同强度和不同形态海洋锋普适性差；第二种是在现有网络模型基础上，结合海洋锋实际检测需求及特性，设计优化改进的新型网络，该类算法相比自搭建的网络模型，检测精度有一定提高，定位准确率也进一步提升。

2.3 海洋中尺度现象识别案例

2.3.1 中尺度涡的识别案例

海洋涡旋尺度多样性、形状不规则、分布密集的特点，现有水平检测方法导致检测区域存在显著的冗余、重叠与嵌套。为解决上述问题，提出多尺度旋转密集特征金字塔网络。具体地，通过密集连接（DFPN）改进特征金字塔网络实现多尺度高层语义特征提取与融合，增强特征传播与特征重用；此外，针对海洋涡旋密集分布的特点，改进 R^2CNN 网络，提出多尺度 RoI Align 机制，实现特征的语义保持和空间信息的完整性，提升模型检测性能。最后，采用海平面异常值数据构建海洋涡旋数据集，并预处理成 VOC 格式进行训练，调整相应参数进行检测模型验证。

2.3.1.1 数据采集及扩充

采用的数据集为 TOPEX/Poseidon、Jason–1/2、ERS–1/2 和 ENVISAT 等卫星高度计测高数据的融合产品，由全球海洋卫星高度计 AVISO（Archiving，Validation and Interpretation of Satellite Oceanographic data）数据

分发中心提供，包括网格化地转流场和海平面异常数据（sea level anomaly，SLA），该数据下载服务由欧洲哥白尼海洋环境监测中心（CMEMS）提供，并通过网站（http://marine.copernicus.eu/）下载。数据的空间分辨率为 0.25° ×0.25°，时间分辨率为逐日，时间跨度为 1993 年至今，数据以网格化格式呈现，以 NetCDF 文件形式保存。

本案例选取中国南海（0 ~ 25° N，100 ~ 125° E）5 年（2011—2015 年）的 SLA 数据进行海洋中尺度涡的研究。为了确保数据的多样性和丰富性，以 1 月的 1 日、11 日、21 日 SLA 数据作为该月的代表，2 月的 2 日、12 日、22 日 SLA 数据作为该月的代表，以此类推，每月以等差数列的形式选取数据，共采集 180 个 SLA 数据。其中，选取 2011—2013 年的数据作为训练集，2014—2015 年的数据作为测试集。

训练集构建包括三个步骤：①利用等高线、矢量线和彩色图可视化海平面高度异常数据生成海洋中尺度涡图像，形成闭合环的等高线即为海洋涡旋；②基于第一步的可视化结果由专家进行标注；③采用二维图像处理技术对以上两步产生的数据集进行扩充操作。具体操作为：使用双线性插值算法将训练集每张图像按 30°、60°、90°、120°、150°、180°、210°、240°、270°、300°、330° 旋转获得 11 张新的图像；同时也用常规的数据增强方法将原始图像进行水平、垂直、对角的镜像变换获得 3 张新的图像；再将这些图像统一裁剪成 1 480 像素 ×1 150 像素。并以相同的方式旋转了标记 xml 文件，对于每张图像获得 14 个新的 xml 文件。因此，108 张训练图像被扩充到了 1 512 张图像。之后添加均值为 0、方差为 0.005 5 的高斯噪声，在保证中尺度涡基本特征的同时引入了信噪比因素，这一操作完成后数据集扩充到 3 024 张图像。

2.3.1.2　模型设计

针对海洋涡旋尺度多样性、结构非规则、分布密集的特点，构建了如图 2-13 所示的多尺度目标旋转检测网络框架。该框架主要由两部分组成：多尺度特征融合的密集特征金字塔模块和旋转区域检测模块。密集特征金字塔基于 FPN 改进为每层输入图像生成由多尺度特征融合的特征映射，旋转区域检测网络主要是基于 Faster R-CNN 的 R^2CNN 算法，提出多尺度 RoI Align 机制对其进行改进。

1）密集特征金字塔网络

海洋涡旋具有显著的多尺度特点（空间尺度 10 ~ 100km），尤其在密集

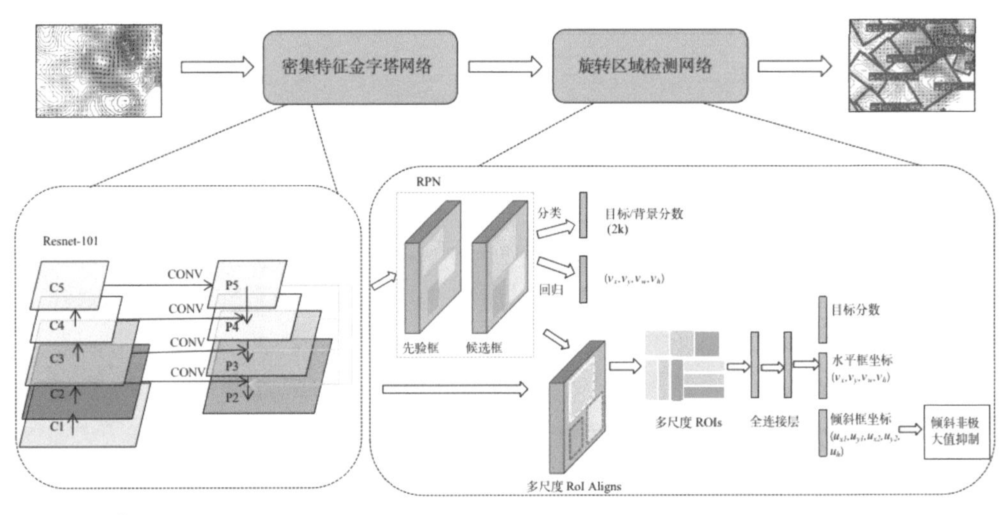

图 2-13 R^2-DCNN 整体框架

分布区域，存在大量小尺度海洋涡旋。为此，选择 ResNet-101 作为主干网，ResNet 相对于 VGG Net 网络更深，能够更好地学习目标特征。并且，在后向传播过程中，将下一层网络的梯度直接传递给上一层网络，可以解决深层网络的梯度消失问题。

同时融合密集特征金字塔，实现海洋涡旋多尺度特征的融合。获取更多底层空间信息有助于提升多尺度目标检测性能，并利于提升目标定位的准确性。基于特征金字塔（FPN）在多尺度特征融合方面的优势，考虑到海洋涡旋密集分布区域小目标多的问题，改进了 FPN，通过使用密集连接，不仅实现了底层空间信息与高层语义信息的特征融合，同时增强了特征传播，并鼓励特征重用。

具体地，基于主干网 ResNet 构建 DFPN 网络（图 2-14），选取 conv2、conv3、conv4、conv5 层的最后一个残差块层特征作为 DFPN 的输入，记为 {C2、C3、C4、C5}，即 DFPN 网络的 4 个层级，相对于原图的步长分别为 4、8、16、32。FPN 在自顶向下网络中，采用上采样进行，而横向连接则是将上采样的结果和自底向上生成的相同大小的特征图进行融合。DFPN 通过横向连接和密集连接得到更高分辨率的特征图，如 {P2，P3，P4，P5}。例如，为了得到 P3，首先通过使用 1×1 卷积层来减少 C3 信道的数量，然后对前面的所有特征映射使用上采样，之后通过连接进行多层级特征图的合并。最后，采用 3×3 卷积层消除上采样的混叠效应，同时减少通道数。经过上述迭代，得到最终的特征映射 {P2，P3，P4，P5}。

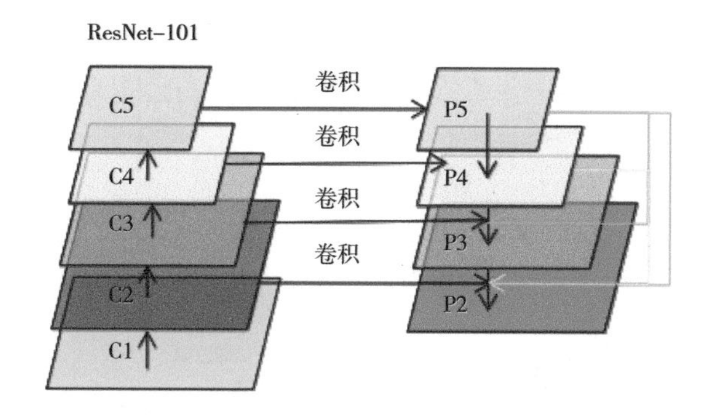

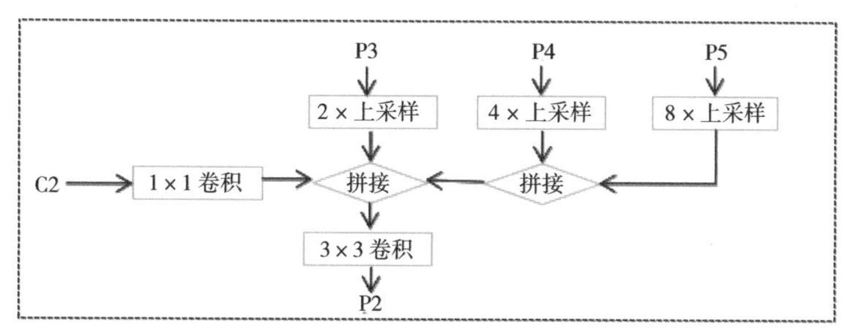

图 2-14　DFPN 结构

2）传统 R^2CNN 模型

R^2CNN 网络框架主要是基于 Faster R-CNN 进行的改进，图 2-15 所示为该算法流程。

（1）RPN [12] 主要是依靠在图片特征图上的滑动窗口，由图 2-15 可以看出，首先把图像通过特征提取网络生成的特征图输入到 RPN 网络结构中，通过 3 × 3 卷积和 Relu 层后分成两个 1 × 1 卷积部分，一部分通过 Softmax 预测分类概率，分析是目标本身还是图片背景从而获得最有可能存在物体的先验框 anchor；另一部分通过对原图坐标的偏移量来选取准确的区域。最后综合正先验框和对应的边框回归偏移量来提取候选框，如图 2-16b 所示。

RPN 网络的运行机制：图像的卷积特征图上的每个像素点都有 k 个先验框，然后判断这个框有没有覆盖到物体，对于含有物体的先验框进行坐标调整。检测目标和背景分为两类属于二分类，所以分类层得到 $2k$ 个分数。而坐标修正是 x、y、w 和 h，所以回归层得到 $4k$ 个坐标。

（2）然后针对每个候选框，做了几个不同池化大小（7 × 7，11 × 3，3 × 11）的 RoI Poolings。

（3）将池化层内的特征串联起来，进行进一步的分类和回归。使用两个全连接层来预测进行分类的分数、水平框和倾斜的最小面积框，如图 2-16c 所示。

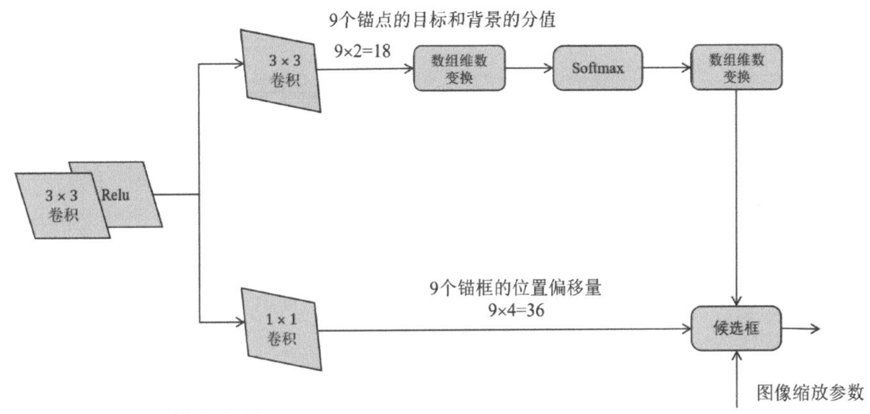

图 2-15　RPN 网络结构图

（4）最后对倾斜框进行倾斜非极大值抑制处理，得到检测结果如图 2-16d 所示。

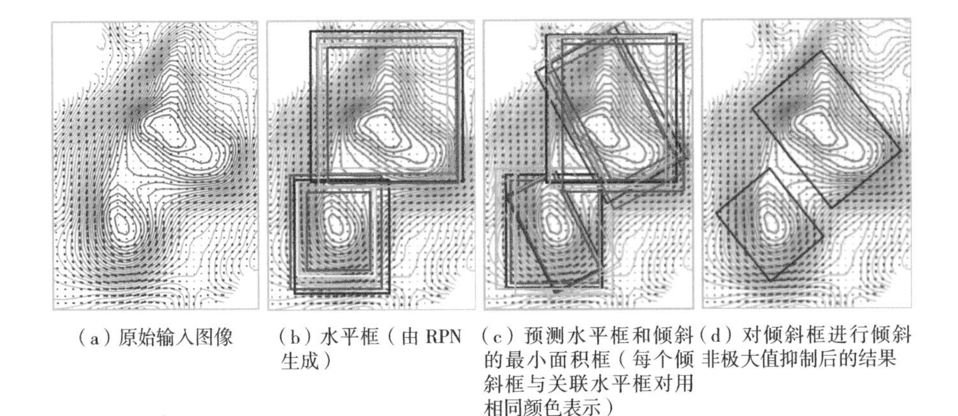

（a）原始输入图像　（b）水平框（由 RPN 生成）　（c）预测水平框和倾斜的最小面积框（每个倾斜框与关联水平框对用相同颜色表示）　（d）对倾斜框进行倾斜非极大值抑制后的结果

图 2-16　R^2CNN 流程

采用斜框检测实现海洋涡旋的旋转检测，真值框由 4 个坐标点（x_1，y_1，x_2，y_2，x_3，y_3，x_4，y_4）表示，4 个坐标点以顺时针方向排列，虽然倾斜矩形的直接表示方法是用一个角度来表示其方向，例如 RRPN（rotation region proposal networks）[13] 等。但由于角度目标在某些特殊点上表现不稳定，所以不使用角度来表示方向信息。如图 2-17a 所示，直接预测旋转框的 4 个坐标点复杂性较高。为了降低计算的复杂性，采用矩形的两个坐标点和矩形的高（x_1，y_1，x_2，y_2，h）来表示实现斜矩形的预测。这里的第一个点指的是左上角的点，第二个点是顺时针方向的第二个点，h 是倾斜最小面积矩形的高度，具体如图 2-17b 所示。

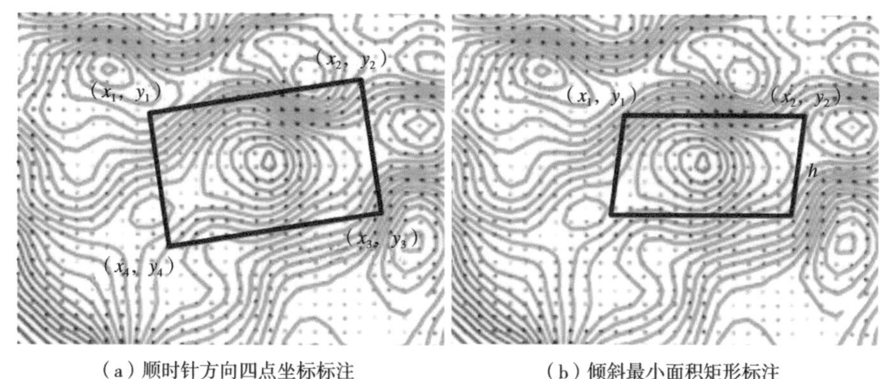

（a）顺时针方向四点坐标标注　　（b）倾斜最小面积矩形标注

图 2-17　任意方向的海洋涡旋标注

非极大值抑制的目的是提取置信度高的目标检测框，抑制置信度低的误检框。一般而言，当解析模型输出到目标框时，目标框非常多，存在很多重复的框定位到同一个目标，通过非极大值抑制去除重复的框，获得最终的目标框。通常非极大值抑制都是在正候选框上进行，轴对齐交叉比（IoU）计算可能会导致偏差交互的 IoU 不准确，从而存在一些正候选框被抑制的现象。如图 2-18a 所示，如果两个正候选框的 IoU 很大，根据非极大值抑制的规则，会将其中一个框舍去，进而导致漏检，采用如图 2-18b 所示的斜非极大值抑制。计算倾斜 IoU 方法如下：第一步计算出两个矩形交点，然后补充一个矩形在另一个矩形内的顶点，第二步计算出两个矩形的并集，再减去每个矩形中非交集的部分，如图 2-19a、b 中的黄色部分和阴影部分，即可得 IoU 的值。

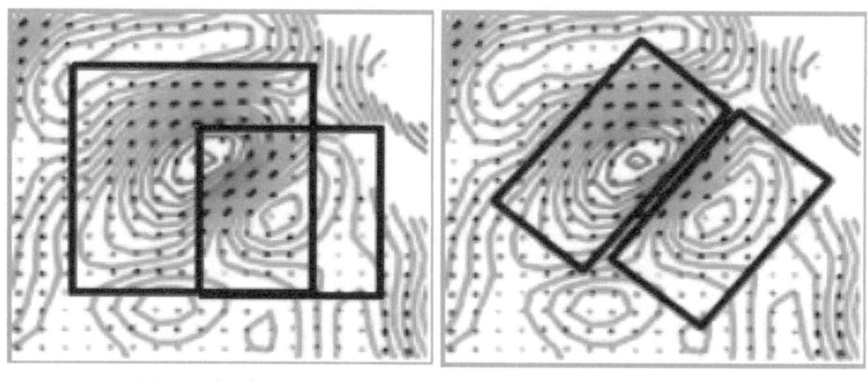

（a）两个水平框示例　　（b）两个倾斜框示例

图 2-18　倾斜非极大值抑制

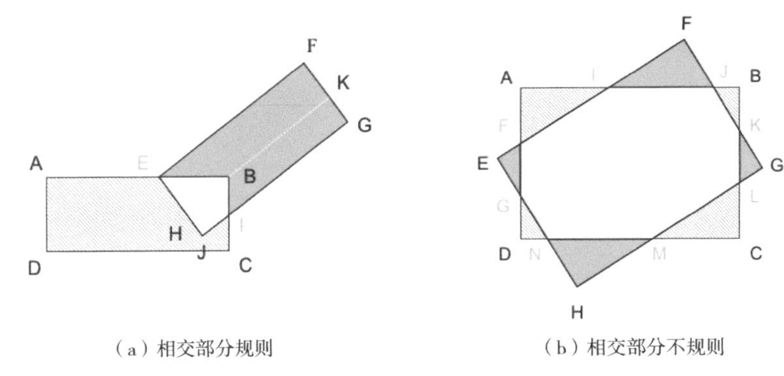

（a）相交部分规则　　（b）相交部分不规则

图 2-19　倾斜 IoU 计算过程示意

为更好地对密集分布区域的海洋涡旋进行精准检测，该模型在考虑 IoU 的基础上，兼顾考虑了角度因素。即倾斜非极大值抑制在原有的基础上增加了如下信息：①保留 IoU 大于 0.7 的最大的候选框；②如果所有的候选框 IoU 均位于［0.3，0.7］之间，保留小于 π/12 的最小候选框。对于一些密集排列的海洋涡旋，传统的非极大值抑制可能会导致漏检，而倾斜非极大值抑制可以解决这个问题，因为倾斜 IoU 值很低且角度差很小。

3）旋转区域检测网络

海洋涡旋的非规则螺旋状结构普遍存在大长宽比的特点，尤其处于衰退期的涡旋随着能量的耗散，其形态结构趋于松散加剧了大长宽比的问题，特别是分布密集区域海洋涡旋目标，现有水平检测检测区域冗余、重叠和嵌套导致检测精度低的问题显著。采用 R^2CNN 的机制可以有效解决上述问题，但是 R^2CNN 采用 RoI Pooling 来获得固定长度的特征向量。而对于小尺度海洋涡旋检测，该方法像素的丢失可能会导致特征的丢失，以至于检测不到目标对象。

针对上述问题，采用 Mask R-CNN[14] 算法中提出的思想，引入 RoI Align 方法进行池化，利用双线性插值法进行插值，保留浮点数，避免取整带来的精度损失，以提高空间对称性（alignment）保持了特征信息的完整性。RoI Pooling、RoI Align 结构示意如图 2-20 所示，两者具体实现过程如下：

（1）第 1 次量化。假设图像中目标尺寸为 800×800，候选框为 665×665。经过特征提取网络后，图像缩小为原图的 1/32。对于候选框，RoI Align 第 1 次量化（保留浮点数）后映射到特征图中的大小：665/32=20.78，即 20.78×20.78，而 RoI Pooling 第 1 次量化（取整）后尺寸变为 20×20。

（2）第 2 次量化。候选框经过池化固定为 7×7 尺寸，将划分为 49

（7×7）个等子区域，RoI Align 第 2 次量化（保留浮点数）每个子区域取 20.78/7=2.97，即 2.97×2.97；RoI Pooling 第 2 次量化（取整）子区域取 2×2。

（3）最大值池化。每个子区域取最大值作为该区域的“代表”值，输出的 49 个值组成 7×7 大小的特征图。

由上可知，RoI Pooling 经过两次取整量化产生的像素偏差对后续的回归定位会产生影响。RoI Align 利用双线性插值法保留浮点数，有效解决了像素映射偏差带来的定位误差问题。

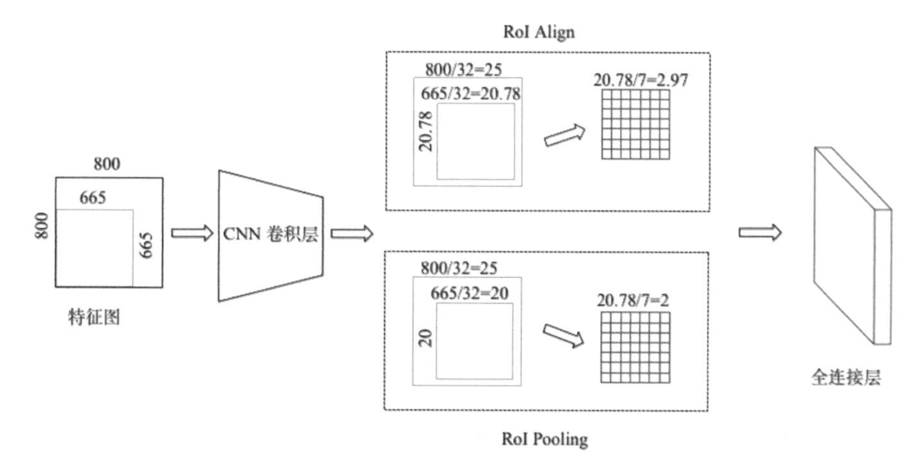

图 2-20　RoI Pooling 与 RoI Align 改进实现机制

对于上述提到的双线插值算法定义如下，沿 x 方向的线性插值为

$$f(x,y_1)\approx\frac{x_2-x}{x_2-x_1}f(Q_{11})+\frac{x-x_1}{x_2-x_1}f(Q_{21}) \tag{2-25}$$

$$f(x,y_2)\approx\frac{x_2-x}{x_2-x_1}f(Q_{12})+\frac{x-x_1}{x_2-x_1}f(Q_{22}) \tag{2-26}$$

式中：$Q_{ab}=(x_a,\ y_b)$（a=1，2；b=1，2），表示已知的 4 个坐标；$f(x,\ y_1)$、$f(x,\ y_2)$、表示沿 x 方向进行线性插值。沿 y 方向的线性插值为

$$f(x,y)\approx\frac{y_2-y}{y_2-y_1}f(x,y_1)+\frac{y-y_1}{y_2-y_1}f(x,y_2) \tag{2-27}$$

目标的线性插值结果为

$$f(x,y)\approx\frac{y_2-y}{y_2-y_1}\left[\frac{x_2-x}{x_2-x_1}f(Q_{11})+\frac{x-x_1}{x_2-x_1}f(Q_{21})\right]+\frac{y-y_1}{y_2-y_1}\left[\frac{x_2-x}{x_2-x_1}f(Q_{12})+\frac{x-x_1}{x_2-x_1}f(Q_{22})\right] \tag{2-28}$$

2.3.1.3 实验与分析

利用构建的网络在南海区域海洋涡旋数据集上进行测试。选取召回率（recall）、精确率（precision）及 F1 值（F1-measure）作为评价指标。为了说明提出模型的有效性，与当前经典的深度学习目标检测网络进行了对比分析，结果见表 2-1。

表 2-1 不同方法在涡旋目标检测结果

检测方法	召回率 /%	精确率 /%	F1 值 /%
Faster R-CNN	65.6	86.2	74.5
RRPN	81.9	83.1	82.5
R^2CNN	78.0	84.7	81.2
R^2-DCNN	90.1	96.4	93.1

如表 2-1 所示，与 Faster R-CNN、RRPN、R^2CNN 相比，提出的网络取得了最先进的性能，召回率 90.1%，精确率 96.4%，F1 值 93.1%。相对于传统的 R^2CNN，三个评价指标都有明显提升。Faster R-CNN 的召回率最低，主要是由于在其进行非最大抑制过程中，当涡旋排列密集时，水平区域检测通常将两个海洋涡旋检测成一个，发生漏检问题。基于 R^2CNN 斜框检测及改进的倾斜非极大值抑制，可以有效解决漏检问题，如图 2-21 所示。

为了验证提出检测网络中各模块的有效性，进行了一系列对比实验。表 2-2 展示了所提网络在南海海域的海洋涡旋数据集上不同模块分离的检测结果。可以看出与 RoI Pooling 方法相比，RoI Align 池化方法准确率明显提高。

表 2-2 R^2-DCNN 模块分离检测实验结果

检测方法	密集特征金字塔	RoI Align	召回率 /%	精确率 /%	F1 值 /%
R^2-DCNN1	×	√	85.2	90.1	87.6
R^2-DCNN2	√	×	86.6	94.2	90.2
R^2-DCNN3	√	√	90.1	96.4	93.1

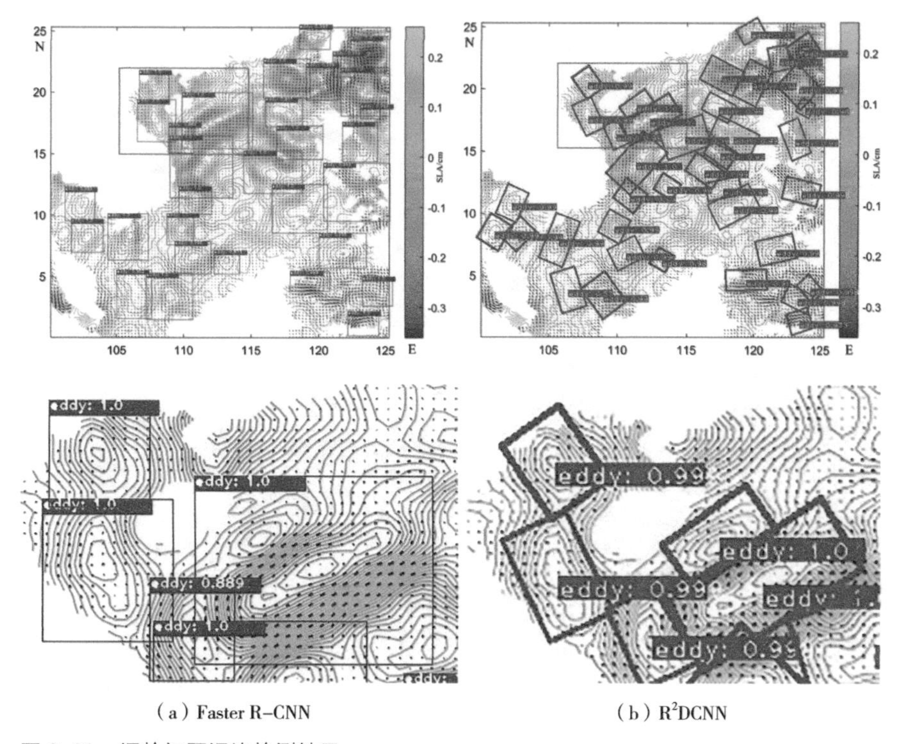

（a）Faster R-CNN　　（b）R^{2}DCNN

图 2-21　漏检问题涡旋检测结果

因为数据集中小尺度海洋涡旋比较多，尤其是在分布密集区域。RoI Align 池化方法减少了池化过程中的像素偏差，对模型检测精度提升有较好的效果。如图 2-22 所示，对比分析了 DFPN 模块对检测网络模型性能的影响，通过检测结果的可视化发现，DFPN 模块可以提高对小尺度海洋涡旋的检测能力，对于尺度变化大的海洋涡旋也表现出较好的检测效果。

图 2-23 是四种经典模型的海洋涡旋检测结果图以及局部区域放大图。海洋涡旋空间尺度变化大，且在密集分布区域小尺度海洋涡旋普遍存在。可以看出所提检测网络模型对于密集分布、尺度变化大且带有方向的海洋涡旋，表现了较好的检测能力，并且检测精度高。实验对比分析发现，所提出的检测模型可以有效解决由于尺度变化大、分布密集以及小尺度海洋涡旋广泛存在导致的检测精度低的问题。

为了验证该方法的泛化能力，选择 2015 年多个海域的 SLA 数据进行实验。其中，选取中尺度涡数量较多的海洋区域进行测试，包括太平洋（25°～50° N，145°～120° W）和大西洋（25°～50° N，75°～50° W）两个海域，以每月的 15 日代表该月。使用训练好的模型进行评估测试，表 2-3 所列是

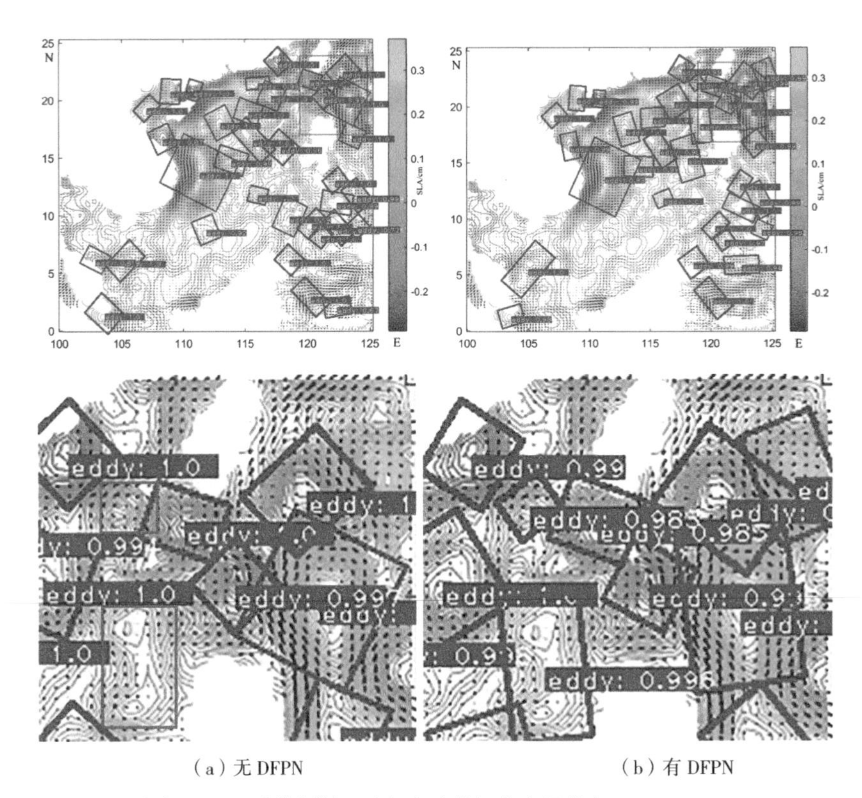

（a）无 DFPN　　　　（b）有 DFPN

图 2-22　分离 DFPN 涡旋检测结果（红色虚线框代表漏检）

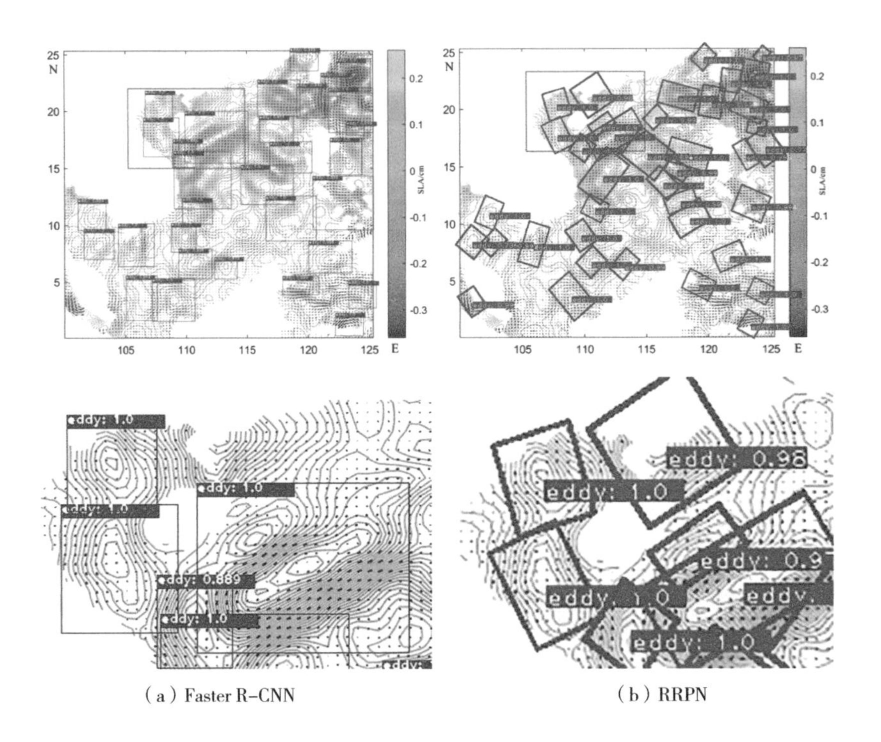

（a）Faster R-CNN　　　　（b）RRPN

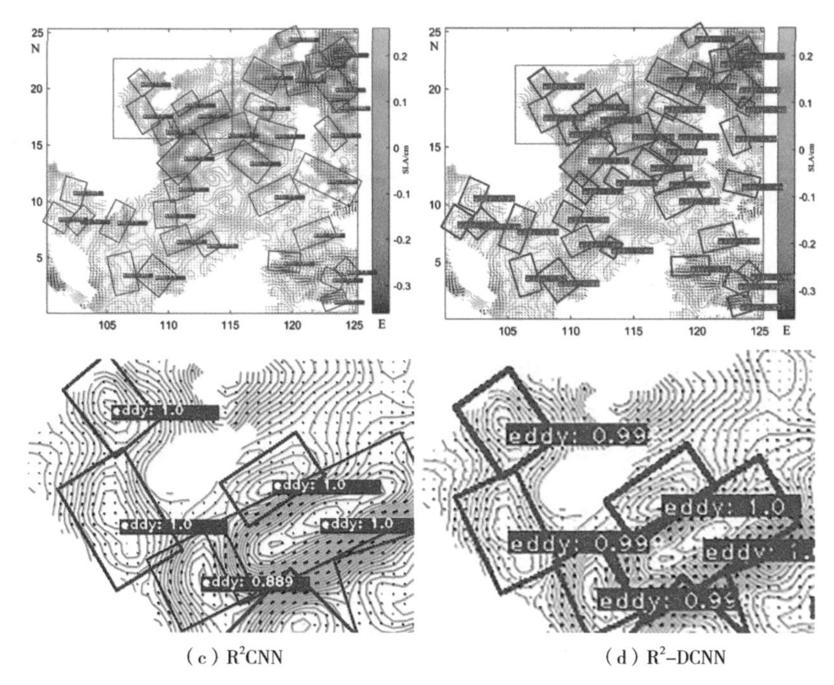

（c）R^2CNN　　（d）R^2-DCNN

图 2-23　不同算法对涡旋检测结果

不同海域评测结果，图 2-24 所示是不同海域采用 R^2-DCNN 的测试效果图。可以看出 R^2-DCNN 对于密集排列，并且尺度变化较大的目标群体十分有效。

表 2-3　不同海域在涡旋目标的实验结果

海洋区域	召回率 /%	精确率 /%	F1 值 /%
大西洋	91.2	93.0	92.1
太平洋	93.3	94.5	93.9

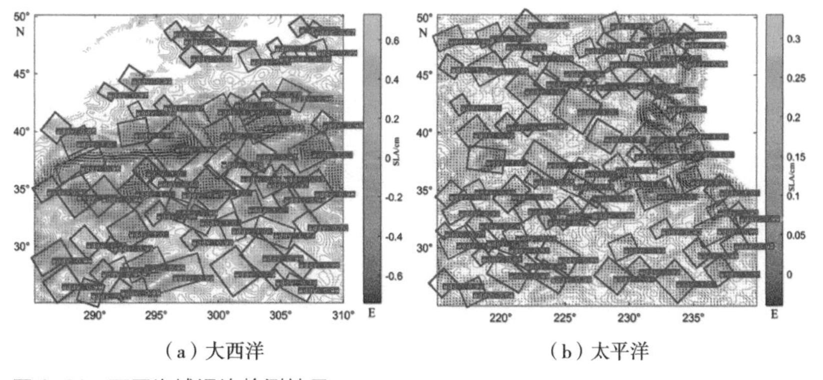

（a）大西洋　　（b）太平洋

图 2-24　不同海域涡旋检测结果

2.3.2 中尺度锋的识别案例

海表温度锋 SSTF 是海洋锋的重要表现形式，常用来研究海洋锋。基于 SST 遥感影像提取海洋锋线信息属于海洋要素场高频信息的提取，使用传统的边缘检测方法（如 Canny 算子、Sobel 算子）提取的边缘信息不精准，给检测带来很大的难度。基于梯度阈值的海洋锋检测方法，阈值的选择标准不统一，且依赖人为的设定，主观性强，无法满足复杂多样的海洋锋的准确检测。且进行海洋锋面实际提取时，梯度算子对噪声过于敏感，同时容易忽略细小的边缘。基于上述分析，首先融合深度学习理论，以强弱海洋锋自动识别为研究目标，开展适应海洋锋不同检测需求的网络模型研究。充分利用低层特征分辨率和高层特征的高语义信息，对多尺度融合特征图进行目标预测。其次，通过 scSE 加权策略增强骨干网络对重要的空间和通道特征的表征和提取能力，实现强弱海洋锋的高精度自动检测，推进海洋锋自动检测的研究进展，为海洋遥感影像自动识别研究提供新思路、新方法。

2.3.2.1 数据扩充

充足的训练样本是基于深度学习的海洋锋检测的基础，但在实际应用中，海洋锋作为 SST 遥感影像上的小尺度、弱边缘目标检测对象，构建充足有效的训练数据集成本高、难度大，尤其在海洋锋面的边缘信息多变且不明显的弱海洋锋区域，加剧了数据集构建的难度。在训练数据样本较少时，数据扩充成为避免模型训练时的过拟合及增强模型的泛化能力和鲁棒性的最有效途径之一。通过数据变换，对训练数据集进行丰富和增加[15]。目前，常用的数据扩充方法包括图像平移、旋转、翻转、随机裁剪等。根据海洋锋的呈现形式，对含有海洋锋的遥感影像进行 90° 旋转、水平翻转、垂直翻转及批量裁剪处理。

1）平移变换

平移变换作为欧氏几何中一种重要的变换形式，是将图像中的像元按照设定的偏移向量的方向进行移动，可以单一地水平、垂直移动，也可以是多方向地移动。具体表现在图像的形状不变，图像的相对位置发生变化。

平移变换根据是否改变图像大小分为两种：一种是平移后图像大小不变，但会损失图像的部分；第二种是平移后图像大小变化，保存了完整的原图像信息。以中国近海 2001—2009 年中国近海海表面温（SST）平均分布图为例，给出图像两种平移变换图，图 2-25b 为图像尺寸不变，图 2-25c 为图像尺寸改变。

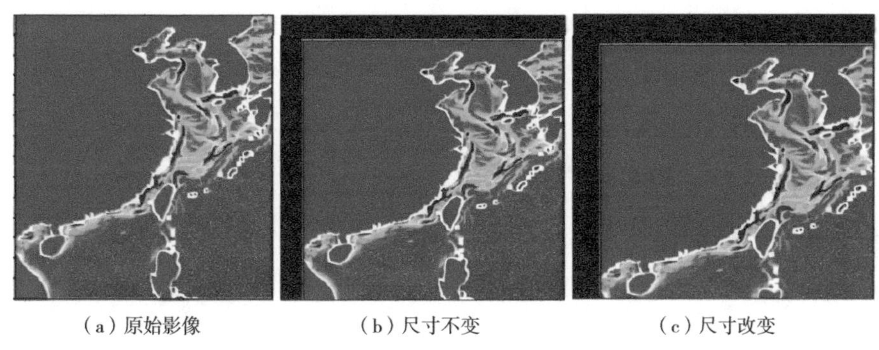

（a）原始影像　（b）尺寸不变　（c）尺寸改变

图 2-25　平移变换示例

2）翻转转换

图像翻转转换是沿 x 或 y 方向或全部方向上进行取反，是对整个图像的像素位置变换，且不改变原图的颜色。为了对训练数据集进行扩充，增加数据量，选取 1998—2010 年东海黑潮锋月平均分布图进行三个方向的翻转处理，得到原训练数据集 3 倍的数据量，如图 2-26 所示。

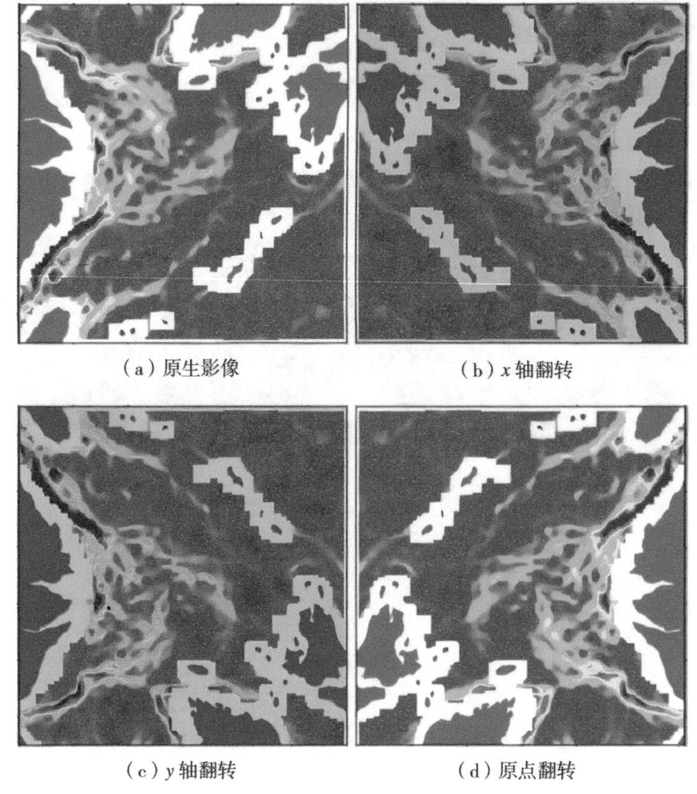

（a）原生影像　（b）x 轴翻转

（c）y 轴翻转　（d）原点翻转

图 2-26　翻转变换示例

3）旋转变换

图像旋转变换是以图像的中心为原点，按照一定角度旋转，作为新图像。常用的旋转角度为 -30°、-15°、15°、30°等，旋转后的图像大小一般会改变。和图像平移一样，可以将转出显示区域的图像截去，也可以扩大图像可视范围，以显示所有的图像。

鉴于遥感卫星的多时相、多方位、多视角成像特点，获取到的影像数据本身具有多尺度、多角度、多方位的特点，因此，通过图像旋转变换改变海洋锋方位和姿态等信息，可以提高模型的鲁棒性。实验选取 2014 年第五周中国南海 SST 分布图作为实验数据，经过顺时针旋转 15°、30°、60°、135°、240° 操作，效果如图 2-27b ~ f 所示。

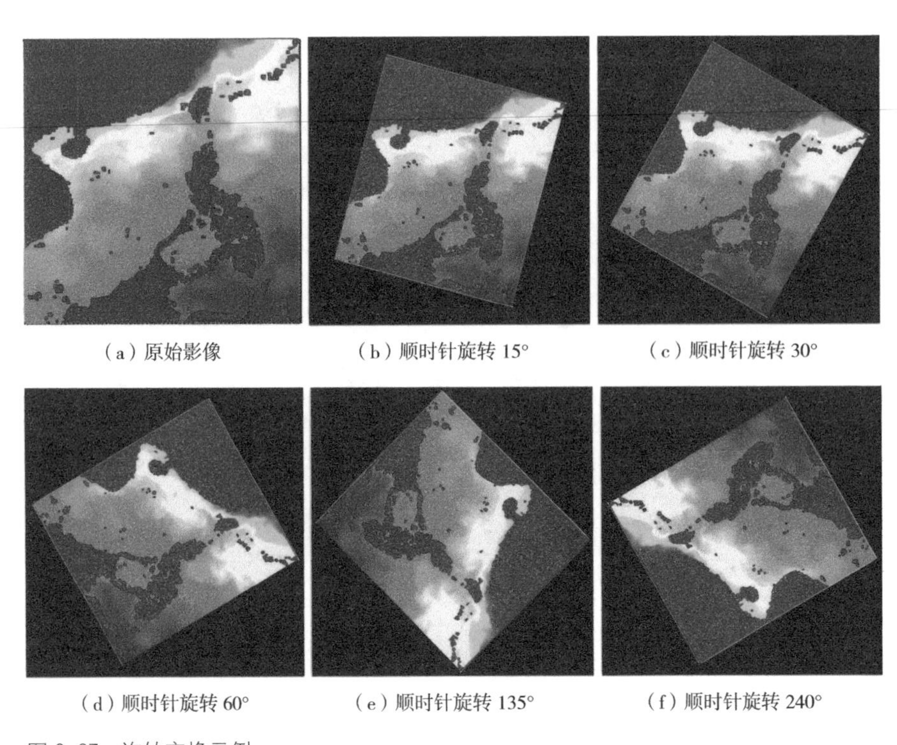
（a）原始影像　（b）顺时针旋转 15°　（c）顺时针旋转 30°
（d）顺时针旋转 60°　（e）顺时针旋转 135°　（f）顺时针旋转 240°

图 2-27　旋转变换示例

4）尺度变换

尺度变换是对图像进行一定比例的缩放，从而得到一系列不同尺寸的样本图像序列。通常情况下，可将图像分辨率变为原图的 0.8、0.9、1.1、1.2 等倍数，作为新图像。

2.3.2.2　数据信息增强

有效数据信息的准确表达是完成目标检测的核心。观测设备、获取手段及海洋遥感影像的高动态性（如受天气、气象等复杂海洋环境的影响）等现实复杂性，造成海洋遥感数据的弱边缘、不确定性问题，增强图像信息成为实现目标高精度检测的关键。

图像增强是指按照某些既定的标准和要求凸显数字图像中包含的若干信息，同时过滤图像中不必要信息或弱化不重要信息的处理方式。通过图像增强操作使得处理后的图像比原始图像对某种特定应用更具适用性。传统图像增强方法主要有高通滤波、直方图均衡法等，但这些方法存在噪声放大、有时可能会引入新的噪声等不足。结合海洋锋区数据特性，选用暗通道先验（dark channel prior，DCP）算法[16]和对比度限制的自适应直方图均衡化，（contrast limited adaptive histogram equalization，CLAHE）算法[17]及其融合算法增强数据信息。DCP 是一种简单、高效的图像去雾算法，CLAHE 算法能够有效提高图像对比度，两种图像增强算法的细节将在本书第 3 章具体介绍，本节不再赘述。

选取 2020 年 6 月 20 日北大西洋 SST 分布图及其灰度值分别进行 DCP 增强测试，如图 2-28b、d 所示。

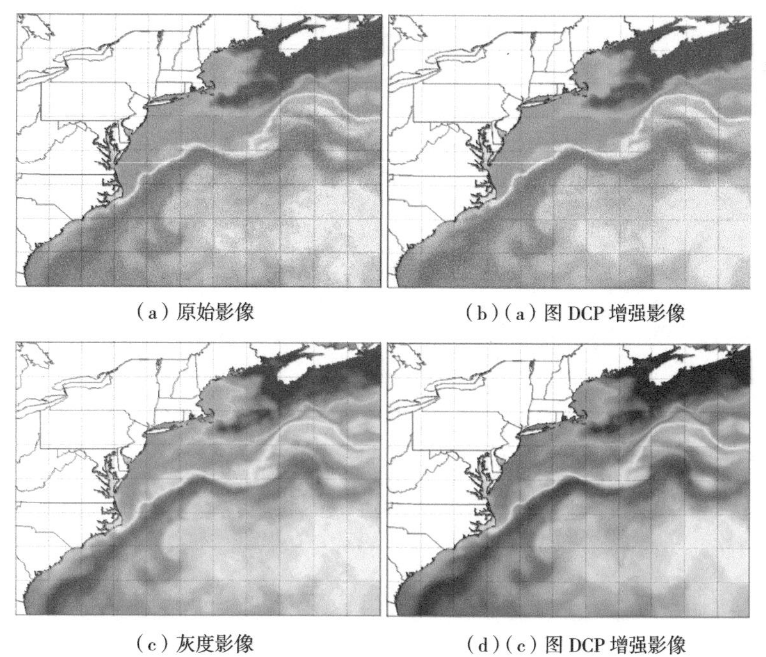

（a）原始影像　（b）（a）图 DCP 增强影像

（c）灰度影像　（d）（c）图 DCP 增强影像

图 2-28　DCP 算法信息增强

选取2020年6月20日北大西洋SST分布图及其灰度值分别进行CLAHE增强测试，如图2-29b、d所示。

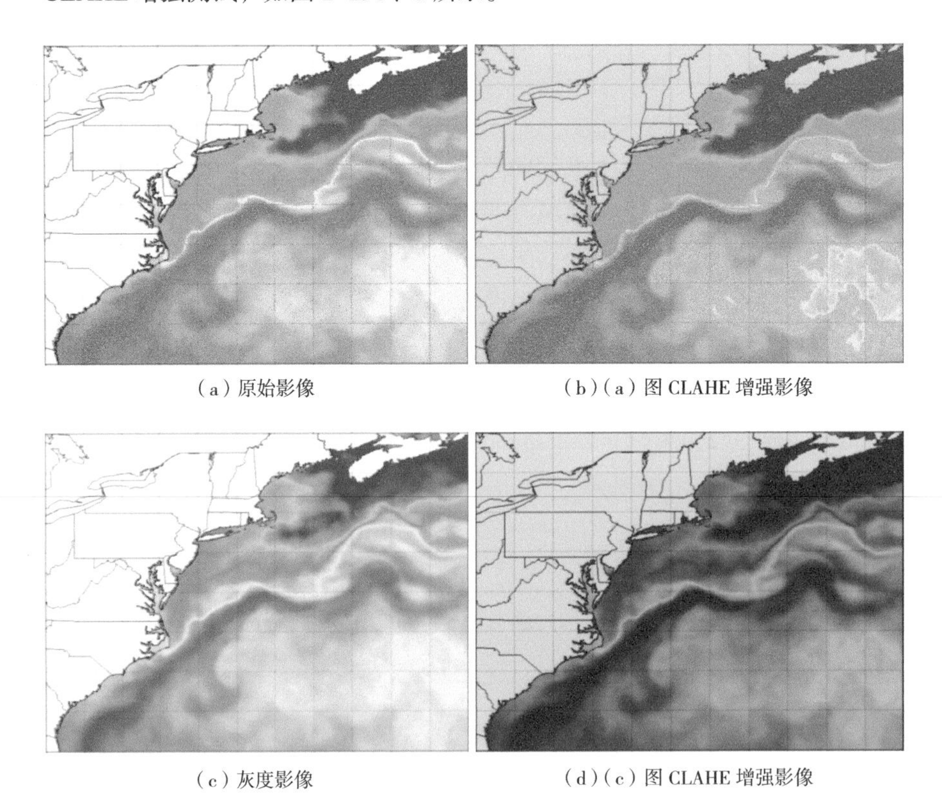

（a）原始影像　（b）（a）图CLAHE增强影像

（c）灰度影像　（d）（c）图CLAHE增强影像

图2-29　CLAHE算法信息增强

相比DCP算法增强效果，CLAHE增强效果较为明显，边缘细节信息更突出。为进一步增强海洋锋边缘信息，采用DCP-CLAHE融合算法进行我国东海黑潮强、弱锋信息增强处理。DCP和CLAHE算法的融合包含两个步骤：首先，对输出影像进行RGB通道分离；其次，将相同通道数融合相加，即

$$I=K\cdot Ar+(1-K)Br \tag{2-29}$$

式中：Ar为DCP输出某一通道图；Br为CLAHE输出的相同通道图；$0\leqslant K\leqslant 1$；I为融合后影像。基于DCP-CLAHE融合算法的检测效果如图2-30所示。

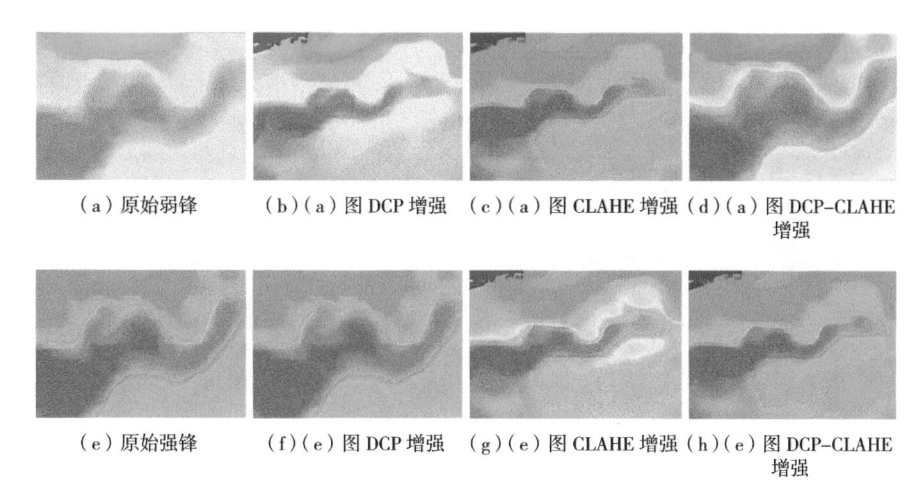

（a）原始弱锋　（b）（a）图 DCP 增强　（c）（a）图 CLAHE 增强　（d）（a）图 DCP-CLAHE 增强

（e）原始强锋　（f）（e）图 DCP 增强　（g）（e）图 CLAHE 增强　（h）（e）图 DCP-CLAHE 增强

图 2-30　基于 DCP-CLAHE 融合算法

2.3.2.3　模型设计

海洋锋作为 SST 影像中的弱边缘小目标，经过多次卷积和池化操作后，大量的小目标特征信息易被丢弃，导致检测结果存在较多的错检和漏检。针对此问题，对 Mask R-CNN 中的特征提取网络结构进行改进，设计 scSE 注意力模块引导的特征提取网络，提升网络的特征提取效果；此外，针对实例分割时目标边缘定位不准确的问题，引入 IoU boundary loss 构建新的 Mask 损失函数，提高边界检测精度。

1）scSE 模块嵌入设计

ResNet-50 与 ResNet-101 作为 Mask R-CNN 常用的残差网络，其网络的深度对海洋锋检测效果具有很大的影响。深层残差网络在有限的训练数据下容易出现过拟合，目标检测效果差。因此，选用浅层的 ResNet-50 网络提取特征，并将 scSE 注意力模块嵌入 ResNet 网络中，通过加权策略提升网络对海洋锋重要特征的关注度，增强骨干网络对重要的空间和通道特征的表征能力，并有效缓解浅层网络对复杂高层特征提取效果差问题，融合 scSE 模块的网络结构如图 2-31 所示。

2）损失函数的优化设计

在深度学习中，损失函数是衡量一个模型学习能力强弱的重要指标，它代表真实值与预测值的差异。传统的 Mask R-CNN 网络的损失函数由分类误差（L_{cls}）、回归框误差（L_{box}）和掩膜误差（L_{mask}）三部分组成，其公式如下

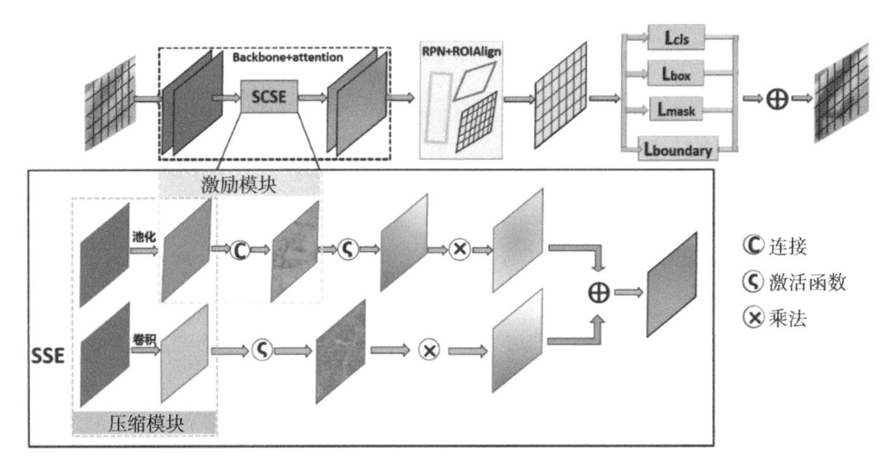

图 2-31　融合 scSE 空间注意力模块的 Mask R-CNN 网络结构

$$L = L_{cls} + L_{box} + L_{mask} \tag{2-30}$$

式中：L_{cls} 使用 Softmax 损失函数计算目标的分类概率；L_{box} 使用 $Smooth_{L1}$ 函数计算边框损失，公式如下

$$L_{box} = Smooth_{L1} = \begin{cases} 0.5x^2, & |x|<1 \\ |x|-0.5, & x<-1 \text{ 或 } x>1 \end{cases} \tag{2-31}$$

在进行检测任务时，网络输出每类对象的 Mask，L_{mask} 为所有像素平均二值交叉熵（binary cross-entropy）损失函数，计算公式如下

$$L_{mask} = -\sum_{y} y\log(1-\hat{y})+(1-y)\log(1-\hat{y}) \tag{2-32}$$

在海洋锋检测的任务中，利用 LabelMe 软件进行实际目标的标注时，仅关注海洋锋的边缘信息就能很好地表征目标对象，因此边缘信息对于海洋锋检测十分重要。原始 Mask R-CNN 损失函数依赖于区域信息，造成边缘信息的检测不准确。针对此问题，对 L_{mask} 进行优化，引入 IoU 边界损失构建新的 Mask 损失函数[18]，通过提取 Mask 掩码的边界像素，计算真实 Mask 边界与预测 Mask 边界的重合情况，记为 $L_{boundary}$。$L_{boundary}$ 公式如下

$$L_{boundary} = 1-\frac{2\left|C_j \cap \hat{C}_j\right|}{\left|C_j\right|+\left|\hat{C}_j\right|} \tag{2-33}$$

式中：$|C_j|$ 表示真实 Mask 边界像素强度之和；$|\hat{C}_j|$ 表示预测 Mask 边界像素强度之和。优化后 Mask 部分的损失函数为 L_{mask} 和 $L_{boundary}$ 之和。

3）模型评价指标

为客观、全面地评价网络模型，选用平均精确度 *mAP*（mean average precision）值和 *IoU*（intersection–over–union）值对模型的整体性能进行评估。*mAP* 是预测多个目标类别的平均查准率，通过精确率 *P*（precision）、召回率 *R*（recall）计算得出，以 *P* 为纵坐标、*R* 为横坐标，绘制 *P–R* 曲线，*mAP* 则为多类别 *P–R* 曲线下的面积平均值。*P* 为检测出的实际目标数与检测出的样本总数之比，*R* 为检测出的实际目标数与样本中实际目标总数之比。*P*、*R*、*mAP* 公式如下

$$P=\frac{TP}{TP+FP},\quad R=\frac{TP}{TP+FN} \tag{2-34}$$

$$mAP=\frac{1}{C}\sum_{i=1}^{C}\int_{0}^{1}P(R)\,\mathrm{d}(R) \tag{2-35}$$

式中：*TP* 为实际目标图像，被正确检测出来的样本个数；*FP* 为不是实际目标图像，却被检测为目标图像的样本个数；*FN* 为实际目标图像，未检测出来的样本个数；*C* 为目标种类个数。

IoU 是用来衡量真实目标框与实际检测目标框差异的参数，真实目标框和实际检测目标框分别记作 *A*、*B*，即用来表示实际检测目标框与真实海洋锋的重合情况，*IoU*=1，表示完全重合，*IoU*=0，表示无任何交集，其公式为

$$IoU=\frac{A\cap B}{A\cup B} \tag{2-36}$$

2.3.2.4　实验与分析

在 TensorFlow–keras 深度学习框架下，融合 scSE 空间注意力模块构建一种改进 Mask R–CNN 的海洋锋自动检测模型。根据海洋锋边缘信息的强弱不同，将海洋锋预先划分为 Sfront、Wfront 两种标签，用于验证模型的普适性和泛化性，Sfront 表示强海洋锋，Wfront 表示弱海洋锋。

充足的训练样本是基于深度学习的海洋锋检测的基础，海洋锋作为 SST 遥感影像上的小尺度、弱边缘目标检测对象，构建充足有效的训练数据集成本高、难度大，尤其在海洋锋面的边缘信息多变且不明显的弱海洋锋区域，加剧了数据集构建的难度。针对此问题，收集全球海洋锋多发地 SST 影像（如选取海洋锋聚集多发的墨西哥湾及加利福尼亚湾影像），如图 2–32a 所示，分别进行有效扩充和特征增强处理。根据海洋锋的呈现形式，对含有海洋锋的遥感影像进行旋转、翻转及批量裁剪的扩充和基于 DCP–CLAHE 融合算法的特征增强处理，得到 2100 景 2010—2020 年间的红外与微波融合的 SST

增强遥感影像，如图 2-32b 所示；红外波段数据来自 Terra 和 Aqua 卫星的 MODIS 数据，微波波段数据来自 AMSR-E 和 AMSR2 传感器，数据空间分辨率为 9km，时间分辨率为 1 天；为验证不同数据对模型性能的影响，计算增强影像的灰度影像和梯度影像，如图 2-32c、d 所示。

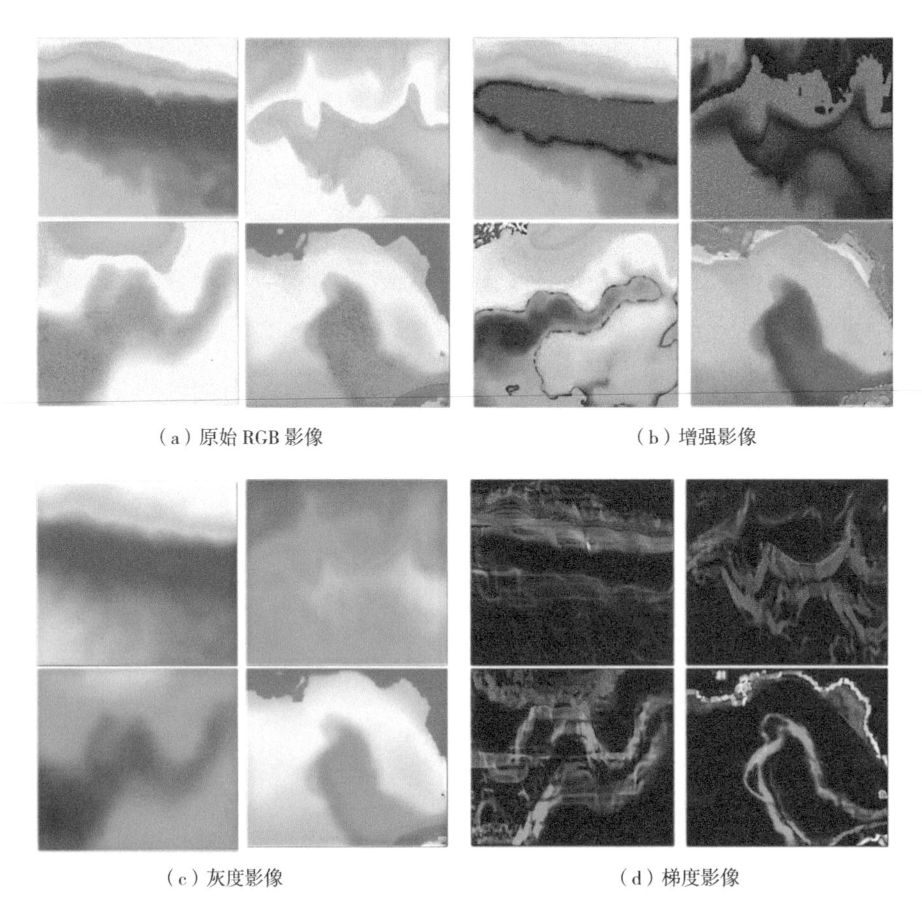

（a）原始 RGB 影像　（b）增强影像

（c）灰度影像　（d）梯度影像

图 2-32　训练数据集

数据集建立完成后，使用 LabelMe 软件对三种数据集分别进行标注。标注完成后，使用融合 scSE 注意力的 Mask R-CNN 网络分别进行训练。为满足训练与测试要求，仍将 75% 样本作为训练集（train set）用于模型的训练，25% 作为测试集（test set），用来评估训练后模型的泛化误差。

为满足海洋锋检测精度的需求，首先将 COCO 数据集训练好的通用图像分类网络模型作为预训练模型，COCO 数据集是一个含有 328 000 影像及 2 500 000 个标签的大型数据集，常作为目标检测、物体分割等识别模型的预训练数据集；并利用构建好的三种训练数据集，对预训练好的模型进行多次迭代训练及参数调整。

经过多次参数调整训练，将网络学习率设为 0.001，每次迭代的批处理量（batch size）设为 32，每迭代 1 000 次，对海洋锋进行一次预测。经过 25 000 次迭代后，训练网络已具备检测海洋锋的能力。

为了验证数据对海洋锋检测结果的影响，按照数据标注时对强、弱海洋锋的分类分别对三种数据集进行训练，并计算 *IoU* 和 *mAP* 评估模型的定位准确率和检测准确率。*IoU* 作为海洋锋识别的量化精度结果，可通过计算图 2-33b 与 c 的交并比得到。三种数据集下的模型定位准确率及检测准确率测试结果，见表 2-4。

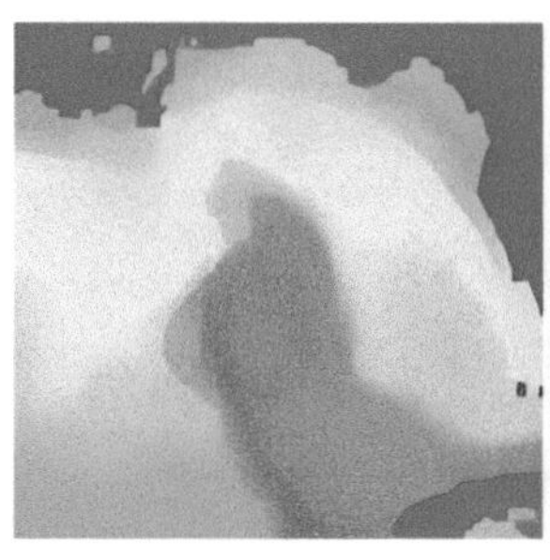

（a）标注数据

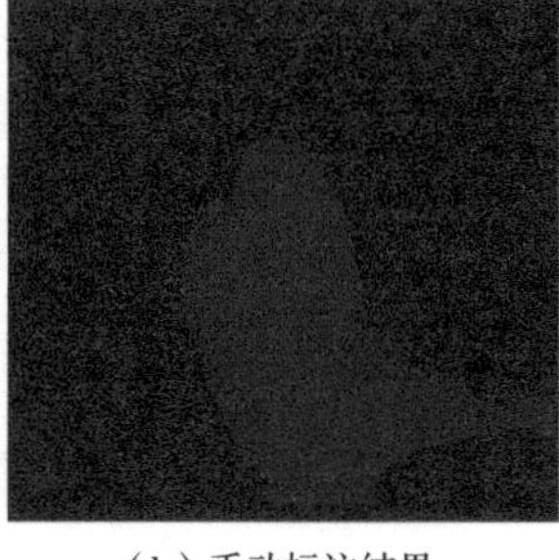

（b）手动标注结果

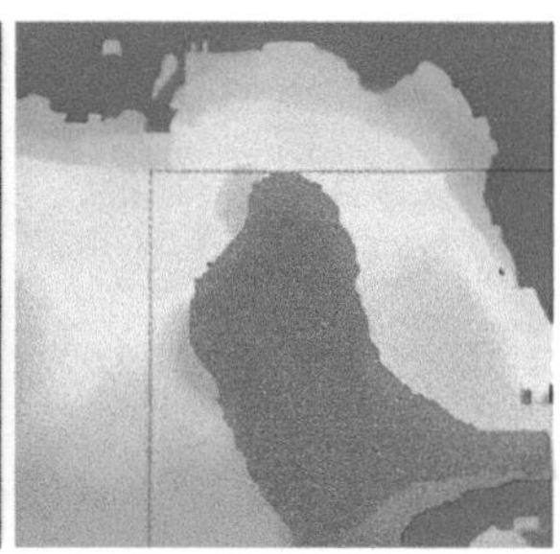

（c）模型检测结果

图 2-33　海洋锋识别精度量化过程

表 2-4　模型定位准确率及检测准确率测试结果

数据集	*IoU*/%			*mAP*/%		
	强锋	弱锋	平均值	强锋	弱锋	平均值
增强影像	88.90	88.10	88.50	90.06	89.34	89.70
灰度影像	87.65	86.95	87.30	85.90	85.10	85.50
梯度影像	92.21	90.99	91.60	91.75	91.05	91.40

由表 2-4 可见，利用梯度影像进行海洋锋的检测时，其定位准确率 *IoU* 和检测准确率 *mAP* 均高于增强影像和灰度影像。这表明，海表面温度变化的梯度差异更能准确地描述海洋锋存在与否。对比三种数据集的强、弱锋的检测精度和定位准确率，进一步表明融合 scSE 注意力的 Mask R-CNN 模型也适用于弱锋的检测。

融合scSE注意力的Mask R-CNN模型与原始Mask R-CNN模型、YOLOv3模型在三种数据集上进行对比实验。通过迭代30 000次训练，得到所有模型的定位准确率结果及模型检测准确率，分别见表2-5和表2-6。图2-36给出部分测试数据集的检测结果及原始影像的对照图，其中图2-34a为部分标注数据，图2-34b为标注数据对应输出的检测结果。

表2-5　模型定位准确率对比

模型	*IoU*/%			平均 *IoU*/%
	增强影像	灰度影像	梯度影像	
YOLOv3	84.00	80.30	85.90	83.40
Mask R-CNN	83.20	80.50	84.60	82.77
scSE+Mask R-CNN	88.50	87.30	91.60	89.13

表2-6　模型精度对比

模型	*mAP*/%			平均 *mAP*/%
	增强影像	灰度影像	梯度影像	
YOLOv3	82.10	80.20	84.60	82.30
Mask R-CNN	84.50	79.70	86.50	83.56
scSE+Mask R-CNN	89.70	85.50	91.40	88.87

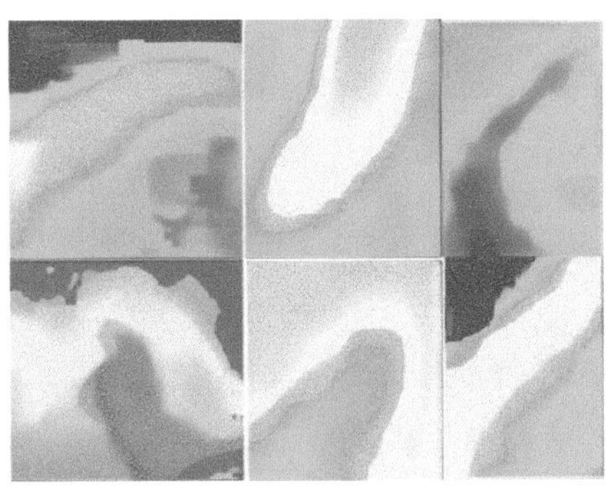

（a）标注数据　　（b）检测结果

图2-34　测试数据的输出结果

由表 2–5 和表 2–6 可知，相比 YOLOv3、传统 Mask R–CNN 算法，scSE+Mask R–CNN 的海洋锋检测方法的定位准确率和精确率都有一定提高，且无论采用哪种模型，使用梯度影像数据集训练得到的模型的定位准确率及检测准确率均最高，灰度影像检测效果最差。此外，scSE+Mask R–CNN 模型平均定位准确率为 89.13%，平均 *mAP* 为 88.87%。相比 YOLOv3、Mask R–CNN，*mAP* 分别提高了 6.57% 和 5.31%。

在海洋锋的检测任务中，快速识别海洋锋是实际渔业应用的关键。为有效评估模型的检测效率，实验给出了特征增强影像集在不同网络模型、不同迭代次数下运行的所用时长，如图 2–35 所示，在不同迭代次数的情况下，新提出模型消耗时间最短，并远远低于 YOLOv3 完成模型时所消耗的时间。

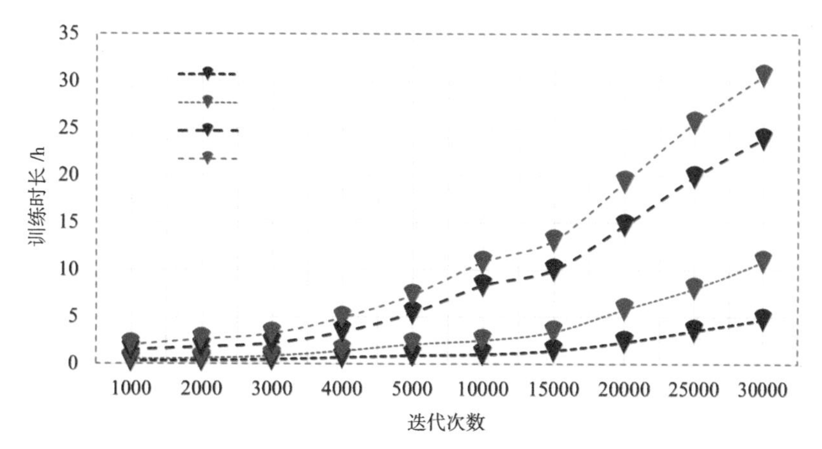

图 2–35　不同模型的训练时间对比图

2.4　海洋中尺度现象时空分析

2.4.1　中尺度涡轨迹时空分析

海洋中尺度涡作为海洋上普遍的一种中尺度现象，在不同的季节可能会呈现一致的现象，然而，其本身又易受季风以及地形和外来黑潮的影响，表现出复杂的特性，因此，在复杂多变的轨迹数据中挖掘出其背后的演变规律以及移动模式，对研究海洋中尺度涡轨迹的整个生命周期具有重要意义。

现存的轨迹聚类方法主要分为以下几类：基于划分的方法、基于层次的方法，基于密度的方法、基于网格的方法[19]。基于划分的方法是将对象划

分为 k 份，每一份表示一个类簇[20]，其主要包含 K-means、K-medoids 和 EM 算法[21]，该类方法聚类速度快，但仅适用于发现数据集中的球状类簇。基于层次的方法是将数据分成若干组，相似性高的数据组相互连接形成了类似于树干的结构，其形式上主要分为两类：AGNES（自下向上凝聚层次）和 DIANA（自顶向下分解层次）[22]，该方法尽管具有良好的伸缩性，但是其本身没有全局目标函数，并且对计算和存储的能力需求较大[23]。基于密度的方法要求样本中的每个数据点，在一个给定的 ε 范围内至少包含 *MinLns* 个数量点[24]，虽然该方法可以有效地监测异常数据，并且能发现任意形状的聚类簇，但是所有的参数需要提前定义好，参数具有较高的敏感性[25]。基于网格的方法将对象空间划分为有限数量的网格单元，在量化的单元空间结构上进行聚类操作[26, 27]，该方法拥有处理速度快和仅与量化单元格内的数量有关的优势，然而难点在于如何选取最佳的网格大小[28]。

基于密度的轨迹聚类方法在保留密度聚类处理快速和可以发现任意形状类簇的优势下，通过对整条轨迹进行轨迹段的切分，然后利用密度聚类的思想进行聚类，得到相似度高的聚类簇，之后通过扫描同一类簇内的轨迹段，得到最终的代表轨迹。既考虑了多条轨迹的相似子轨迹，又凸显了轨迹间的差异性。考虑到南海中尺度涡轨迹具有复杂多变的特性，所以利用该方法能够有效地挖掘出中尺度涡轨迹特征。

基于密度的轨迹聚类方法主要包括数据的预分析、轨迹段划分、密度聚类、类簇结果划分、分析探讨类簇结果，流程如图 2-36 所示。在数据预处理阶段，对南海中尺度涡轨迹进行统计，发现在生命周期超过 27 天的中尺度涡旋轨迹占比 97%，属于中长生命周期的中尺度涡旋轨迹，得到了重点的研究对象；在轨迹划分阶段，依据信息熵，得到最佳轨迹段的划分；在密度聚类阶段，利用启发式算法得到最佳的参数 ε 和 *MinLns*，利用密度聚类的思想进行聚类操作，得到初步的聚类簇；在类簇结果划分阶段，首先将包含噪声的轨迹段抛弃，其次考虑一条轨迹归属不同类簇的情况：如果一条轨迹相应的轨迹段在某一类簇中占比最高，则把整条中尺度涡轨迹划分为该类簇；在类簇结果的基础上，分析探讨类簇间的异同性，从而挖掘出南海中长生命周期的中尺度涡轨迹的时空特征。

确定最优类簇数量是聚类分析中的核心问题。在轨迹密度聚类中，参数 ε 不宜过小，并且 *MinLns* 不宜过大，在选择参数 ε 时，使用信息熵（entropy）来表示，利用启发式算法确定参数 ε 的范围，图 2-37 分别给出了气旋涡和反气旋涡的参数 ε 与信息熵的关系图。

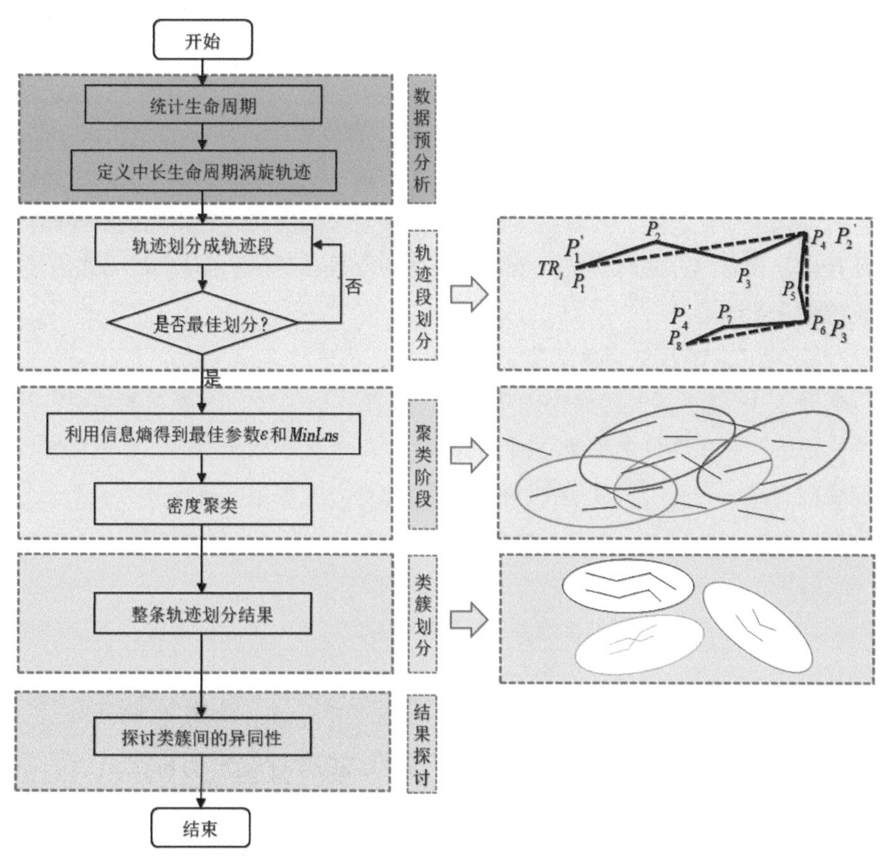

图 2-36 海洋中尺度涡轨迹聚类流程

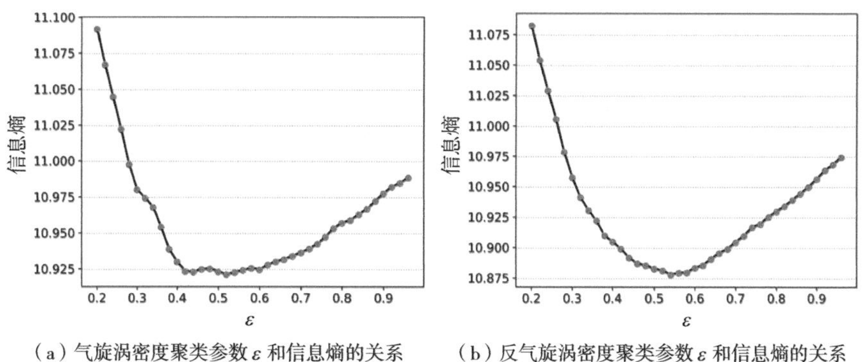

（a）气旋涡密度聚类参数 ε 和信息熵的关系 （b）反气旋涡密度聚类参数 ε 和信息熵的关系

图 2-37 参数 ε 和信息熵的变化关系

在 entropy 相对较小对应的参数 ε 范围下，调整参数 *MinLns*，确定最终的类簇数量。最终得到的气旋涡轨迹和反气旋涡轨迹的参数 ε 和 *MinLns* 都为 0.54 和 9。

在中尺度涡轨迹密度聚类过程中，存在噪声轨迹，即不属于任何一类，在轨迹划分类别时，将该类轨迹不划分为任何一类；此外，由于中尺度涡在生命周期中变化剧烈，尤其是生命周期较长的中尺度涡，在不同的轨迹段特征存在显著差异，此时，若一条轨迹划分的段数在某一类中较多，则把整条轨迹划分到该类。

1）中尺度涡轨迹聚类结果分析

图 2–38 展示了气旋涡轨迹和反气旋涡轨迹的轨迹密度聚类的结果，其中，浅蓝色和浅红色的细线分别为气旋涡和反气旋涡原始轨迹，蓝色和红色的线段为每一类簇的代表轨迹。图 2–38a 把南海气涡旋轨迹划分为 5 类，分别把它们标记为类 A、类 B、类 C、类 D 和类 E，有 3 个较大的类 A、类 B、类 C 分别位于南海西北部、南海中东部和越南东南部，另外两个较小的类 D、类 E 分别位于马来西亚东北部和婆罗洲西北部。图 2–38b 把南海反气旋涡轨迹划分为 4 类，分别标记为类 A、类 B、类 C 和类 D，其中类 D 相对较小，位于马来西亚东北部。

气旋涡和反气旋涡的类 A、类 B、类 C 和类 D 在空间位置上的分布大体一致，但是气旋涡轨迹中的类 E 与其他类有显著不同，即在空间范围（3° ~ 9° N，110° ~ 115° E），反气旋涡轨迹更加杂乱，而气旋涡轨迹则呈现得更加密集，尽管类 E 占据的气旋涡轨迹的数量比重相对较小，但是该处的中尺度涡轨迹的平均长度较大，而且轨迹长度相对稳定。

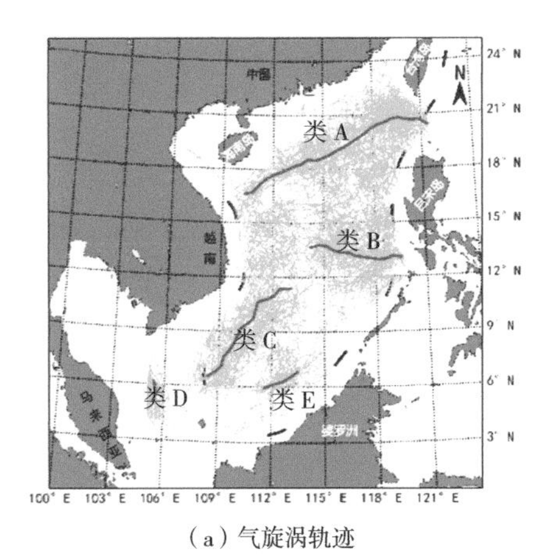

（a）气旋涡轨迹

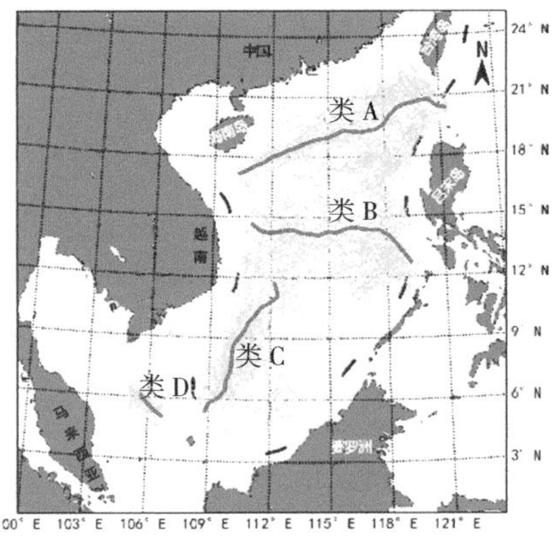

（b）反气旋涡轨迹

图 2–38 轨迹密度聚类结果

表 2–7 和表 2–8 分别列出了两种中尺度涡轨迹长度和不同类簇中尺度涡轨迹的占比。由表 2–7 显示，随着纬度增加，不同类簇气旋涡轨迹的平均长度在不断减小，尽管反气旋涡轨迹整体上也表现出了这一特性，但是在部分上仍存在一定的差异性。例如，反气旋涡轨迹的类 A 的平均长度大于类 B。另外，在空间位置位于南海北部的类 A 和越南东南部的类 C，气旋涡轨迹的平均长度都大于反气旋涡轨迹的平均长度，但是整体可以看到反气旋涡轨迹的标准偏差更大，即反气旋涡轨迹波动范围更大，轨迹长度的大小更易受地理位置影响。从表 2–8 可以看出，不论是气旋涡还是反气旋涡，两者的不同类簇轨迹数量都在类 A 处轨迹数量达到峰值。此外，两种中尺度涡轨迹的数量在空间位置（3° ~ 8° N，104° ~ 107° E）上，中尺度涡轨迹的数量相对较少，分别占比 1.49% 和 3.95%。另外，整个南海的气旋涡轨迹的数量多于反气旋涡轨迹的数量。

表 2–7　中尺度涡轨迹不同类轨迹的长度

类别	气旋涡轨迹		反气旋涡轨迹	
	平均长度 /km	标准差 /km	平均长度 /km	标准差 /km
类 A	578.47	318.50	627.49	367.01
类 B	653.33	405.33	618.86	416.35
类 C	675.18	373.21	852.50	556.19
类 D	901.14	297.43	811.93	442.60
类 E	684.85	270.13	—	—

表 2–8　中尺度涡不同类轨迹的数量和相对于总中尺度涡轨迹数的比例

类别	气旋涡轨迹		反气旋涡轨迹	
	轨迹数量 / 条	百分比 /%	轨迹数量 / 条	百分比 /%
类 A	368	45.66	298	42.09
类 B	208	25.81	255	36.02
类 C	168	20.84	127	17.94
类 D	12	1.49	28	3.95
类 E	50	6.20	—	—
轨迹总数	806	100	708	100

利用聚类结果，详细计算特定区域的涡旋轨迹数量和平均长度并分析比较，得出以下结论：不同类簇轨迹的数量随纬度的增加在不断增加，而轨迹的平均长度随纬度的增加在不断减小。尽管整体在空间位置上的分布呈现一致性，但是在不同的类别上还存在一些差异性。

2）不同类中尺度涡轨迹特征

图 2-39a 和 b 分别为气旋涡和反气旋涡的不同轨迹类的平均振幅分布。从图 2-39a 可以看出，气旋涡轨迹在越南东南部的类 C 的振幅分布范围更广泛，而且中位数和平均值相对较大，平均值达到 0.08m，类 D 和类 E 占据中尺度涡轨迹的数量较少，并且振幅相对较小，类 D 的振幅平均值为 0.035m，除了类 C 外，气旋涡轨迹的振幅随着纬度的增加呈现递增，类 A 的异常振幅数据最多，即在该处中尺度涡轨迹的振幅变化性更大。从图 2-41b 看出，反气旋涡轨迹也是在越南东南部类 C 的振幅分布范围较大，平均值达到了 0.07m，而位于马来西亚东北部的类 D 振幅处于相对小的状态。对比气旋涡轨迹和反气旋涡轨迹，两者都是随着纬度的增加中尺度涡轨迹的振幅在递增，并且纬度越高中尺度涡轨迹的振幅变化波动越大。

图 2-39c 和 d 分别为气旋涡和反气旋涡的不同轨迹类的平均旋转速度分布。从图 2-39c 可以看出，位于越南东南部的反气旋涡轨迹类 C 的速度分布范围更广，而且轨迹速度平均值达到了 0.4m/s，位于南海中部的类 B 中尺度涡轨迹的旋转速度平均值最小。图 2-41d 显示，空间位置一致的反气旋涡轨迹的速度与气旋涡轨迹分析结果具有一致性。两种轨迹的旋转速度都在南海中部相对较小，从南海中部到南海北部随着纬度的增加，开始出现一些旋转速度波动较大的中尺度涡轨迹，并且两种中尺度涡轨迹的旋转速度相差较小。

图 2-39e 和 f 分别为气旋涡和反气旋涡的不同轨迹类平均半径的分布。从图 2-39e 可以看出，尽管位于马来西亚东北部的类 D 的轨迹数量较少，但是该处的轨迹平均半径相对较大，而位于南海北部类 A 的平均半径最小，此外，轨迹类 C 的半径分布范围较广泛。图 2-39f 显示位于越南东南部类 C 的轨迹半径平均值较大，数值达到 140km，除了类 C 外，反气旋涡轨迹的半径随着纬度的增加，中尺度涡轨迹的平均半径在不断减小。整体而言，两种中尺度涡轨迹的半径都随着纬度的增加，半径在不断减小，但两者之间仍存在一定的差异性，在空间位置 4° ~ 7° N、104.5° ~ 107° E，气旋涡轨迹的半径更大。

相对于已有的研究，本小节详细讨论了涡旋轨迹特有的属性：振幅、旋转速度和半径，并对其差异性进行了探讨，研究发现除位于越南东南部的类

C 外，随着纬度的增加，不同类别的振幅在增大，而旋转速度和半径都呈现递减的趋势，整体上，南海的两种中尺度涡轨迹在振幅、旋转速度和半径上相差较小。而位于越南东南部类 C 的轨迹更复杂，振幅、旋转速度和半径都表现出了显著的差异性。

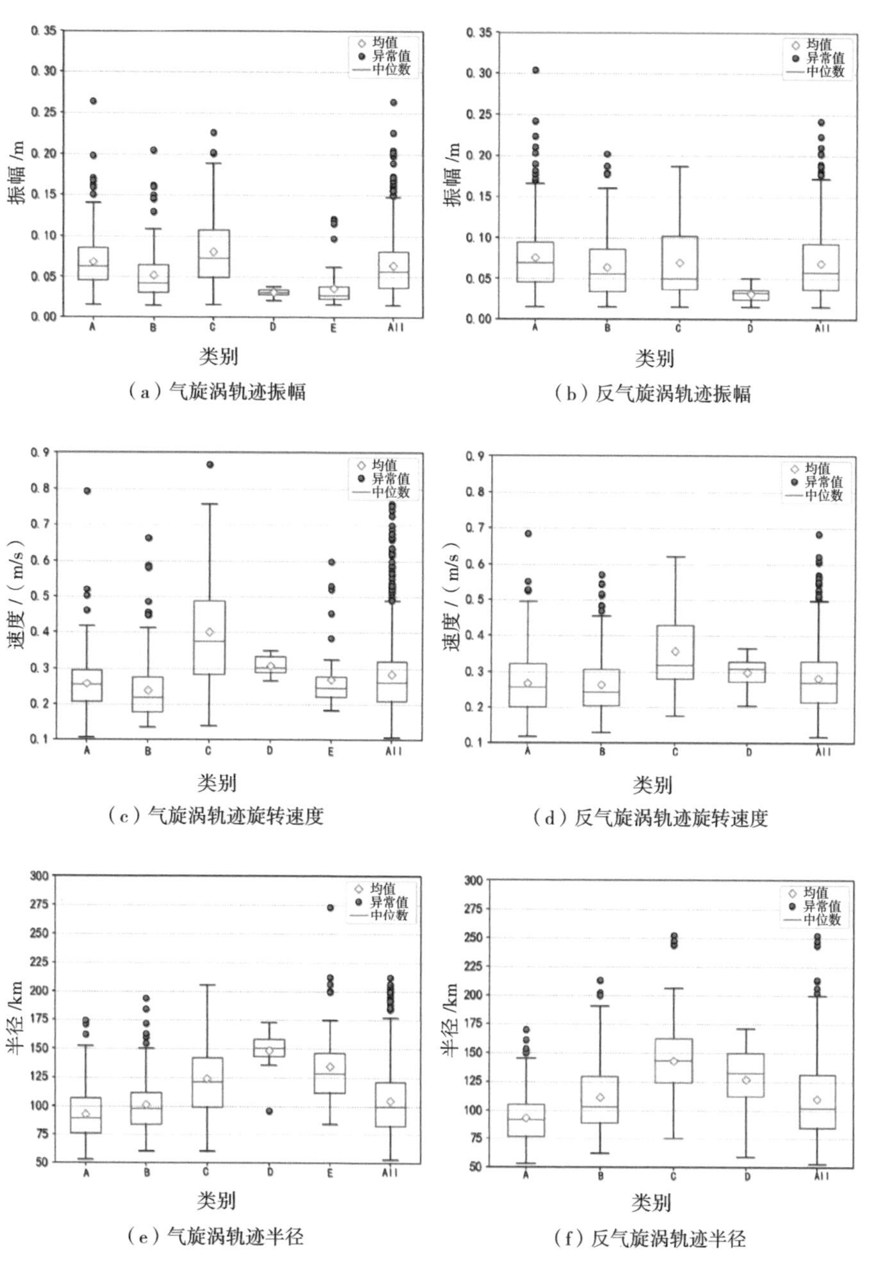

（a）气旋涡轨迹振幅　（b）反气旋涡轨迹振幅

（c）气旋涡轨迹旋转速度　（d）反气旋涡轨迹旋转速度

（e）气旋涡轨迹半径　（f）反气旋涡轨迹半径

图 2-39　不同类型中尺度涡旋轨迹的分布特性

3）不同类中尺度涡季节分布

经统计给出了春（3—5 月）、夏（6—8 月）、秋（9—11 月）、冬（12 月—翌年 2 月）四季的中尺度涡轨迹数量分布。就气旋涡轨迹而言，位于马来西亚东北部的类 D 轨迹主要分布在冬季，而类 E 与类 D 结果相反，在冬季的气旋涡轨迹数量较少，此外，位于越南东南部类 C 的中尺度涡轨迹在夏季相对较少，类 A 和类 B 则四季分布较均匀，没有较明显的差异。由图 2–40 显示，反气旋涡轨迹的类 D 在夏季更易出现，而位于越南东南部类 C 在冬季

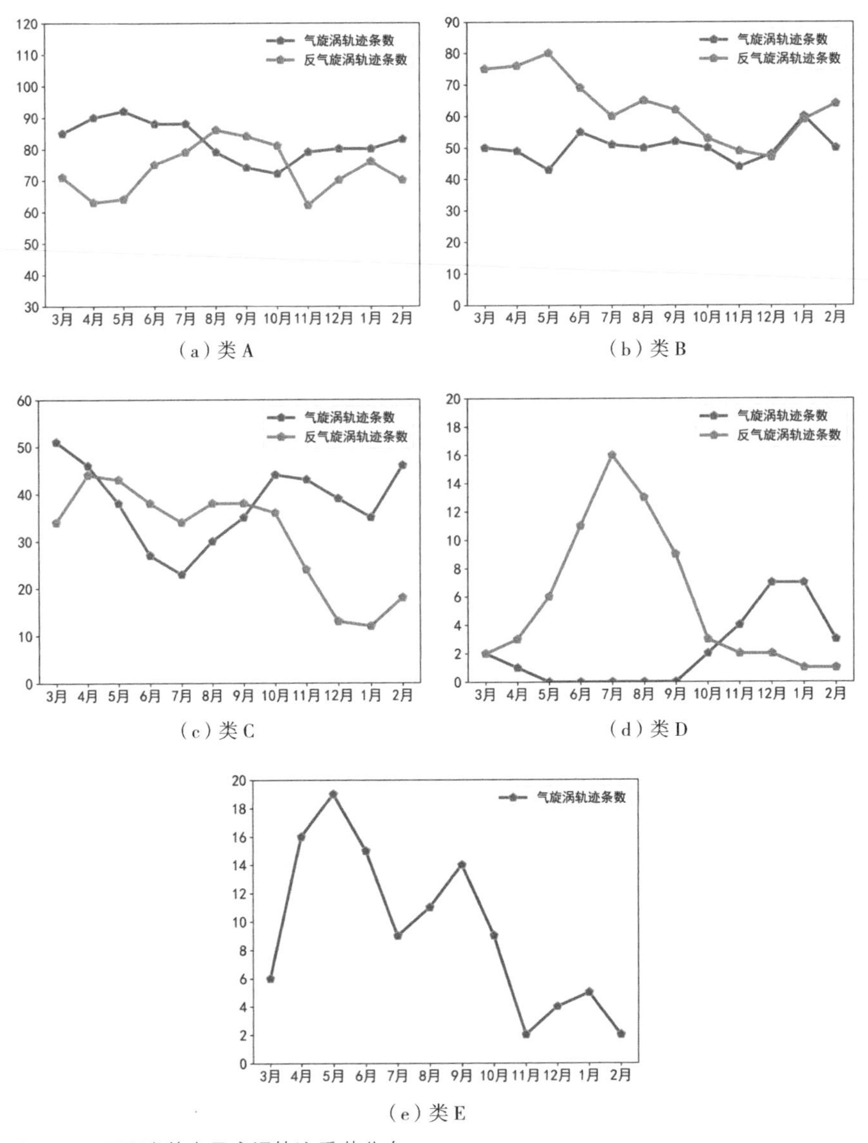

（a）类 A　（b）类 B

（c）类 C　（d）类 D

（e）类 E

图 2–40　不同类的中尺度涡轨迹季节分布

的轨迹数量较少，对于南海中部的类 B，反气旋涡轨迹的数量从夏季到秋季呈现递减，直到冬季 12 月中尺度涡轨迹数量才增加，而位于南海北部的类 A 中尺度涡轨迹分布相对较均匀。

对比两种中尺度涡轨迹不同类的季节分布结果，可以看出位于越南东南部的类 C 和位于马来西亚东北部的类 D，气旋涡轨迹和反气旋涡轨迹呈现相反的现象，气旋涡更易出现在春冬季，而反气旋涡更易出现在夏秋季，相对于类 B，反气旋涡轨迹在夏秋季节呈现递减，而气旋涡轨迹分布相对较均匀，由于处于南海北部的类 A 距离台湾海峡和巴士海峡较近，处于半开放海洋区域，全年易受影响，所以气旋涡和反气旋涡类 A 的季节分布差异较小。

综上分析可知，对气旋涡轨迹和反气旋涡轨迹的季节分布进行分析，比较两种类型的中尺度涡轨迹发现，在南海南部，春冬季出现的气涡旋轨迹较多，而反气旋涡轨迹在夏秋季相对较多；在南海中部和北部，中尺度涡轨迹季节分布差异较小。

4）不同类中尺度涡生成和消亡位置分布

从图 2–41a 和 b 可以看出中尺度涡轨迹的类 D 生成位置集中在 4.5° ~ 6.5° N、105° ~ 107° E，气旋涡轨迹和反气旋涡轨迹的类 A 和类 B 的生成位置都表现出了一致性，分别集中在台湾岛的南部和吕宋岛的西南部，而越南东南部的类 C 中尺度涡轨迹的生成位置略有不同，气旋涡轨迹主要集中在 9° ~ 11° N、110° ~ 111.5° E 和 10° ~ 11° N、113° ~ 114° E，反气旋涡轨迹集中在 8.5° ~ 10° N、110° ~ 111° E，此外，气旋涡轨迹类 E 的生成位置位于婆罗洲海岸的西北部。整体上，两种中尺度涡轨迹的生成位置具有一致性。

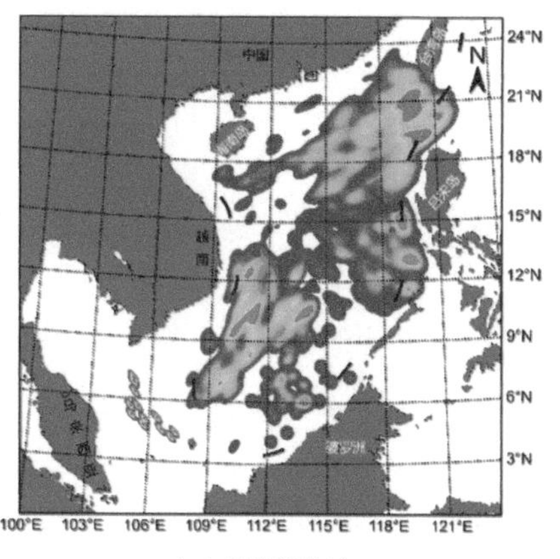

（a）气旋涡轨迹　　（b）反气旋涡轨迹

图 2–41　中尺度涡轨迹生成位置

图 2-42 为两种中尺度涡轨迹的消亡位置。从图 2-42a 和 b 可以发现两种中尺度涡轨迹的类 D 相对于生成位置，都向西移动，对于类 A 两种中尺度涡轨迹都集中在两个位置，分别为 20° ~ 22° N、117° ~ 119° E 和海南岛的东南部，而类 C 表现出了一定的差异性，气旋涡轨迹的消亡位置主要位于 9° ~ 11° N、110° ~ 112° E，而反气旋涡轨迹主要集中在 5° ~ 9° N、109° ~ 110° E，由于轨迹密度聚类在划分归属类簇阶段抛弃了部分噪声轨迹，导致两种中尺度涡轨迹类 B 的消亡位置表现出了差异性，但整体移动方向都是自东向西移动。此外，气旋涡轨迹类 C 的消亡位置主要集中于 6° ~ 8° N、111° ~ 113° E。整体上，两种中尺度涡轨迹的消亡位置表现出了一致性。

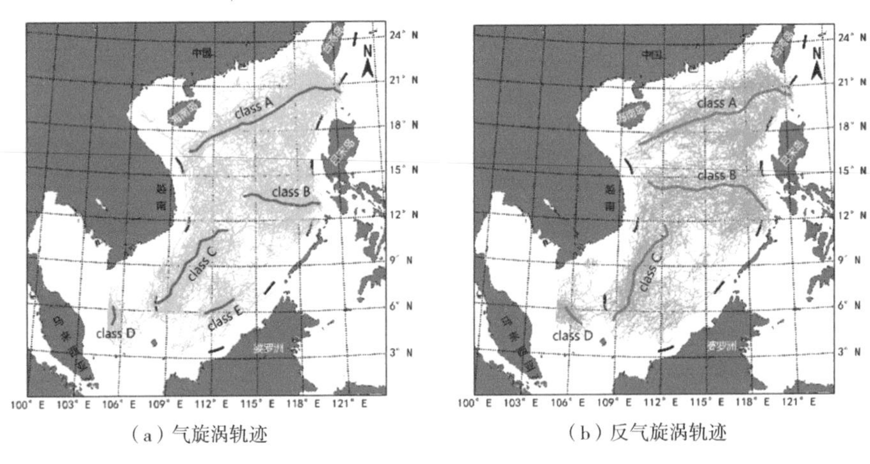

（a）气旋涡轨迹　　（b）反气旋涡轨迹

图 2-42　中尺度涡轨迹消亡位置

对气旋涡轨迹和反气旋涡轨迹的生成位置和消亡位置进行对比，发现两类中尺度涡轨迹在生成位置和消亡位置都表现出了一致性，位于南海中部的中尺度涡向西移动，在南海北部即吕宋岛西北部存在向西北移动的中尺度涡轨迹，而其余地区轨迹自东北向西南移动。

2.4.2　中尺度海洋锋时空分析

受海洋环境的影响，不同区域、不同季节海洋锋位置、强度不同。利用 NASA 提供的基于 MODIS 的周（weekly）和月（monthly）再分析 SST 数据，选取 2006 年及 2015 年舟山群岛及邻近海域开展海洋锋时空变化特征分析。所分析区域的地理范围为 29° 20' ~ 31° 00'N、121° 40' ~ 123° 00'E，获取的 SST 数据为 NetCDF 格式。使用 Python 可视化工具分别绘制 2006 年四季和 2015 年春秋两季的海表面温影像，如图 2-43 和图 2-44 所示。

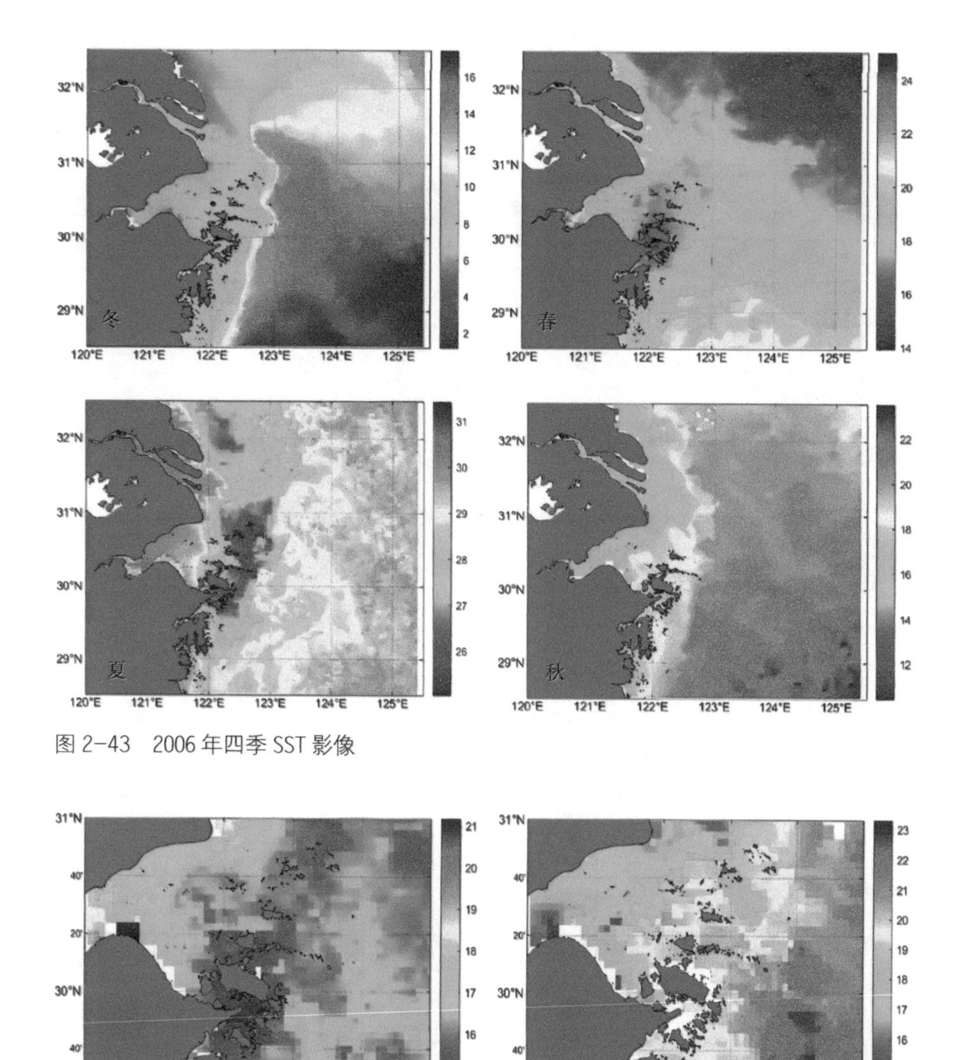

图 2-43　2006 年四季 SST 影像

图 2-44　2015 年春秋季 SST 影像

经分析，在研究海域范围内海表面温随季节更替明显，冬季水温整体最低（6.7～16.8℃），夏季最高 29℃左右。相比 2006 年春季，2015 年春季海表面温偏低，以舟山渔场附近平均温度最低，而秋季温度分布无明显差异，仅在杭州湾河口区有较小差异。

为探究海洋锋时空变化特征，首先对所选区域海洋锋进行检测，依据检测结果对其进行时空特征分析。具体使用 LabelMe 软件按照 COCO 数据集标准方式完成 2006 年四季和 2015 年春秋两季 SST 影像的标注，并基于

scSE 注意力引导的网络模型对研究海域的海洋锋进行自动检测，图 2–45 和图 2–46 分别展示了 2006 年四季和 2015 年春秋两季的海洋锋检测结果。

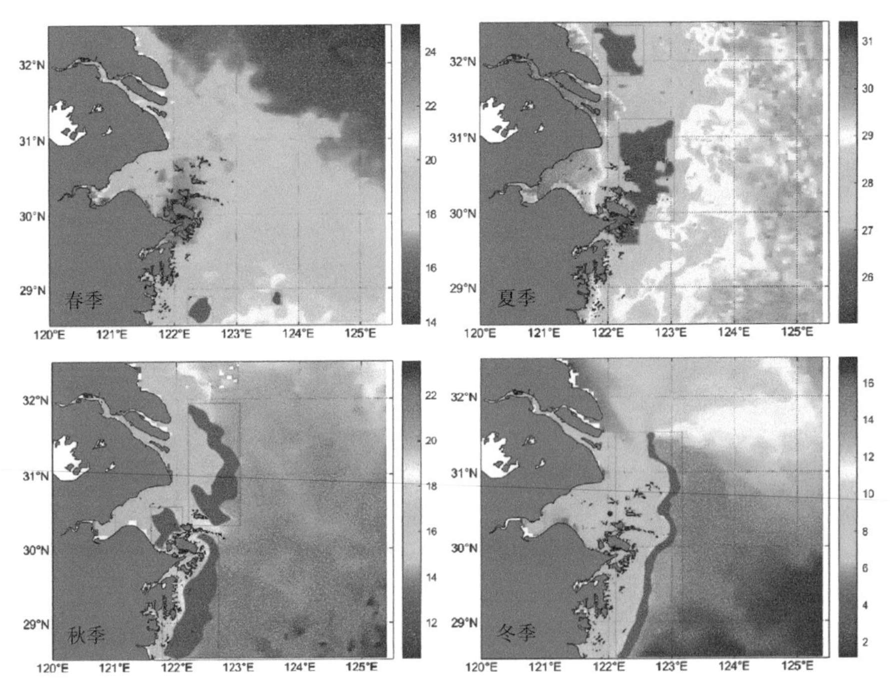

图 2–45　2006 年四季海洋锋检测结果

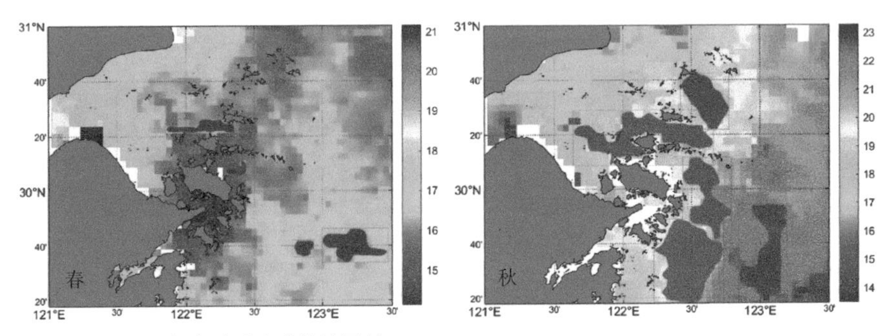

图 2–46　2015 年春秋季海洋锋检测结果

根据海洋锋检测结果可知，中国舟山近海海洋锋分布呈现明显的季节变化和年际变化。2006 年检测结果显示，冬季海洋锋最强烈，锋面连续，锋面本身呈现出明显的波状结构，较为规则；夏季锋区分布范围广，锋面形态不规则，且没有固定的发生区域；受太阳辐射的影响，春季海域内海表面温度趋于一致，进而导致表层海温锋的消失，难以分辨出锋面具体位置；秋季海洋锋强度仅次于冬季锋强度，锋区分布范围更广阔，但中部有断裂。2015 年春秋两季海洋锋检测结果显示，秋季海洋锋更为显著，但形状不规则，集中分布在舟山渔场、杭州湾及长江口渔场附近；春季相对较弱，其分布分散，形状不规则，其锋面强度相比 2006 年春季锋差异不大，即春季锋的年际变化小。

为探究海洋锋空间分布对渔获量的影响，依据上述海洋锋检测结果对其进行时空特征分析。从不同季节海洋锋面区渔获量的空间分布可知，不同季节生物渔获量空间分布与海洋锋时空变化呈现不同的相关性，锋面较弱的春季渔获量相比其他季节渔获量最低（图 2–47）；在海洋锋面存在的区域渔获量相对较高，海洋锋面及附近海域的站位相比远离海洋锋面站位具有更高的渔获量，如图 2–48 ~ 图 2–50 所示。

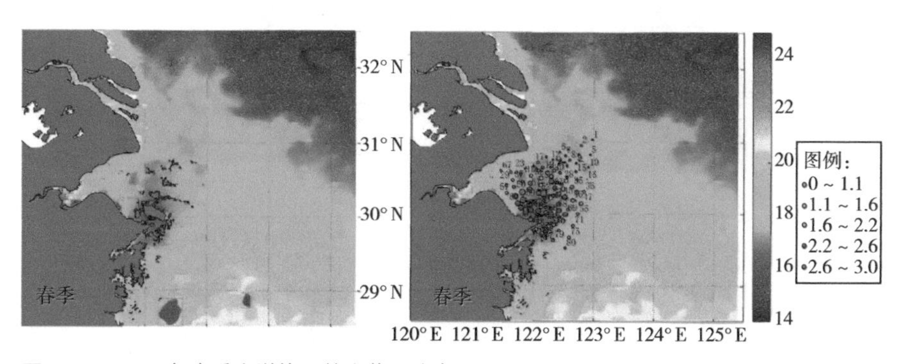

图 2–47　2006 年春季海洋锋及其渔获量分布

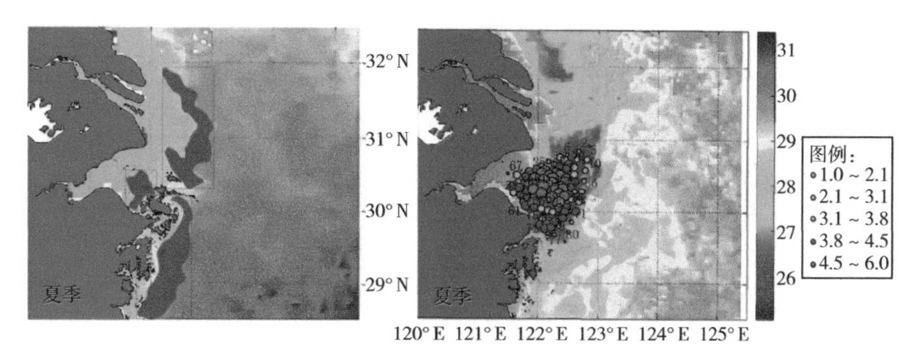

图 2–48　2006 年夏季海洋锋及其渔获量分布

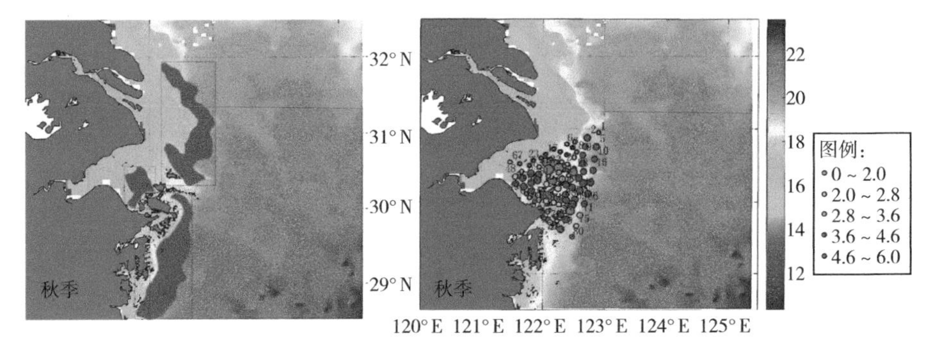

图 2-49　2006 年秋季海洋锋及其渔获量分布

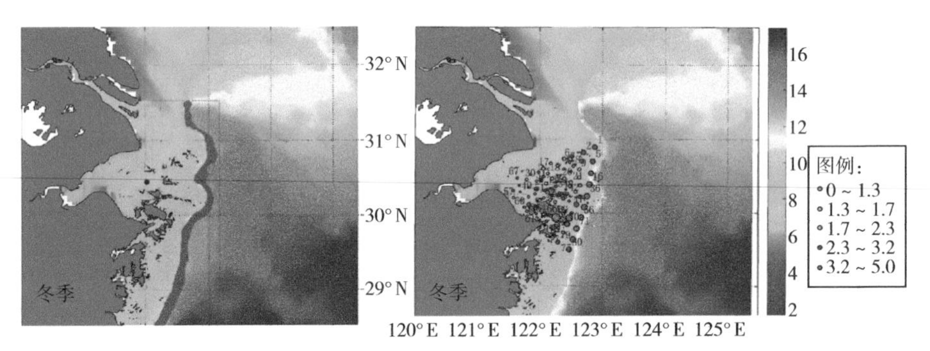

图 2-50　2006 年冬季海洋锋及其渔获量分布

结合不同季节生物渔获量与海洋锋时空变化相关性差异，以 2015 年秋季海洋锋及其渔获量数据为例，基于增强回归树（boosted regression tree，BRT）进一步量化、挖掘渔获量与海洋锋、海温、与海岸距离、季节变化等要素的内在关联关系。BRT 是一种基于分类回归树的自学习算法，通过多次随机选取的数据分析自变量对因变量的影响程度，并基于拟合结果进行验证，最后输出多重回归均值，提高模型的稳定性和预测精度。表 2-9 展示了

表 2-9　各环境变量参数

环境变量	单位	平均值
SST	℃	8.79 ~ 29.5
T	℃	8.55 ~ 30.10
Dfront	km	0 ~ 25
Dcoast	km	−80 ~ 80
Dfront-coast	km	0 ~ 45

各环境变量的单位与取值范围，其中，SST 表示海洋锋面平均温度，T 表示捕鱼站位海水温度，Dfront 表示捕鱼站位距离锋面距离，单位为 km；Dcoast 表示捕鱼站位距离海岸距离，单位为 km；Dfront-coast 表示锋面与海岸距离，单位为 km。

图 2–51 给出不同环境要素与渔获量之间的拟合函数，黑点表示由各站位的渔获量数据，黑线为这些点的多项式拟合曲线。

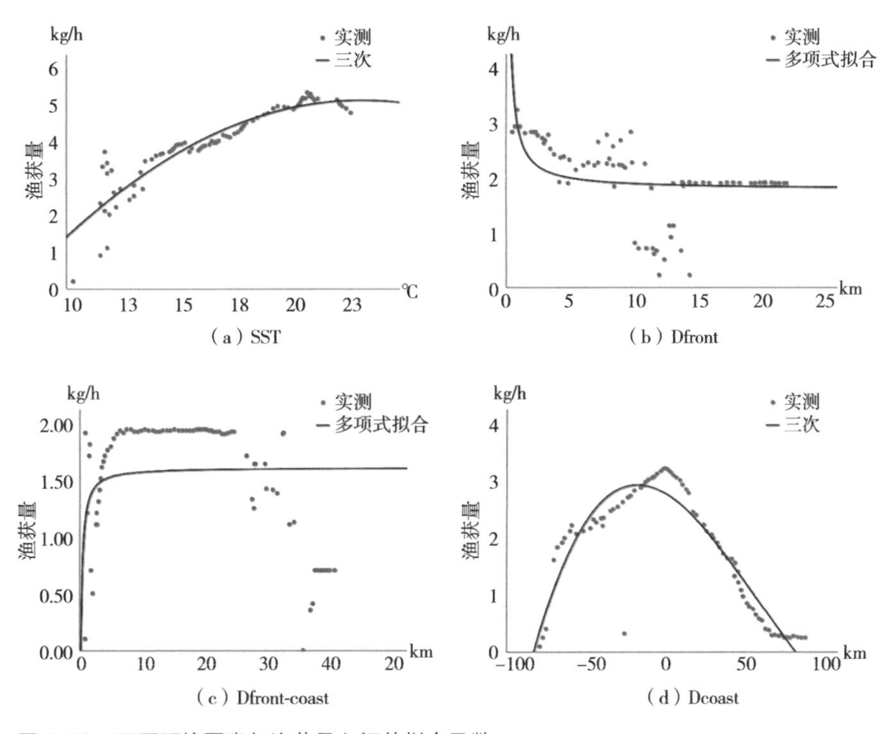

图 2–51　不同环境要素与渔获量之间的拟合函数

根据图 2–51a 分析可知，SST 温度在 10 ~ 20℃范围内渔获量与海温呈正相关性，渔获量随着海温的升高而增长，当海温高于 20℃时，渔获量趋向稳定。图 2–51b 展示了渔获量与海洋锋面距离关系，当捕鱼地点到锋面距离较近时渔获量较高，在 0 ~ 10km 范围内渔获量呈现稳定下降趋势，随着与海洋锋面距离增加，渔获量保持不变。图 2–51c 展示了渔获量与锋面到海岸距离 Dfront-coast 的相关关系，数据表明，在 0 ~ 10km 内渔获量随着 Dfront-coast 增大而增高，10 ~ 30km 范围内，渔获量保持稳定，大于 30km 时渔获量开始降低。图 2–51d 展示了渔获量与海岸距离相关关系，当捕鱼站位距离海岸为 0 时渔获量最高，随着距离的增大，渔获量呈下降趋势，当

Dcoast 大于 70km 时渔获量保持稳定。

鱼类生活史是多种环境变量综合影响的结果，不同因素对渔获量分布的影响可能不同，对此基于主成分分析法计算各要素对渔获量的贡献度，结果表明 SST 对渔获量的影响最为显著，占 45.693%；其次，Dfront 要素的贡献度为 33.983%，Dcoast 和 Dfront-coast 分别为 15.696%、4.628%。

基于以上分析，为有效度量海洋锋面温度 SST、海水温度 T、Dfront、Dcoast 及 Dfront-coast 变量之间的相关程度，基于皮尔逊积矩相关系数挖掘各变量间的关联关系，结果如图 2–52 所示。

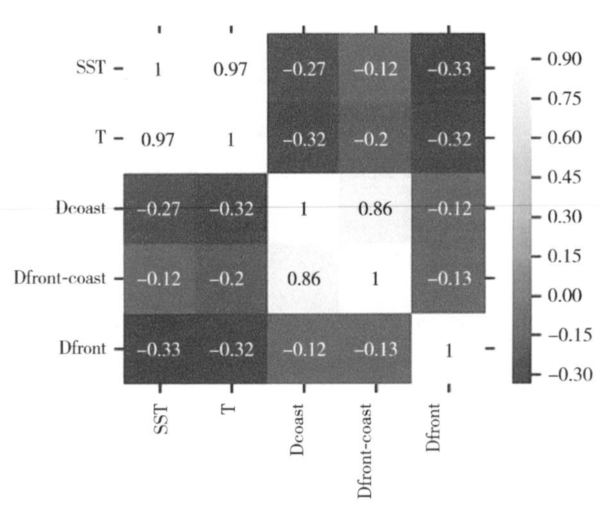

图 2–52　皮尔逊相关系数矩阵

由图 2–52 可知，捕鱼地点（调查站位）的海温 T 与锋面的 SST 高度相关（r=0.97），从捕鱼地点到海岸的距离（Dcoast）与锋面和海岸之间的距离（Dfront-cosast）高度相关（r=0.86），这表明渔获量较高的区域发生在海洋锋面附近。

参考文献

[1] 李立.南海中尺度海洋现象研究概述[J].台湾海峡,2002(2):265–274.

[2] 赵新华.东海海洋涡旋及其对内潮影响研究[D].北京:中国科学院大学,2019.

[3] Okubo A. Horizontal dispersion of floatable particles in the vicinity of velocity singularities such as convergences[C]//Deep sea research and oceanographic abstracts. Elsevier, 1970, 17(3): 445–454.

[4] Weiss J. The dynamics of enstrophy transfer in two-dimensional hydrodynamics[J]. Physica D: Nonlinear Phenomena, 1991, 48(2–3): 273–294.

[5] Doglioli A M, Blanke B, Speich S, et al. Tracking coherent structures in a regional ocean model with wavelet analysis: Application to Cape Basin eddies[J]. Journal of Geophysical Research, 2007, 112(C5): C05043.

[6] 刘启明.基于深度学习的海洋涡旋识别方法研究[D].青岛:青岛科技大学,2022.

[7] Nencioli F, Dong C, Dickey T, et al. A vector geometry - based eddy detection algorithm and its application to a high-resolution numerical model product and high-frequency radar surface velocities in the Southern California Bight[J]. Journal of Atmospheric and Oceanic Technology, 2010, 27(3): 564–579.

[8] Yi J, Du Y, He Z, et al. Enhancing the accuracy of automatic eddy detection and the capability of recognizing the multi-core structures from maps of sea level anomaly[J]. Ocean Science, 2014, 10(1): 39.

[9] Roemmich D, Gilson J. Eddy transport of heat and thermocline waters in the North Pacific: A key to interannual/decadal climate variability?[J]. J.phys.oceanogr, 2001, 13(3): 675–688.

[10] 平博.海洋场恢复与锋面检测方法研究[D].武汉:武汉大学,2015.

[11] 雒涛,郑喜凤,丁铁夫.改进的自适应阈值Canny边缘检测[J].光电工程,2009, 36(11):106–111.

[12] Ren Shaoqing, He Kaiming, Girshick R, et al. Faster R-CNN: towards real-time object detection with region proposal networks[J]. IEEE Transactions on Pattern Analysis and Machine Intelligence, 2017, 39(6): 1137–1149.

[13] Ma Jianqi, Shao Weiyuan, Ye Hao, et al. Arbitrary-oriented scene text detection via rotation proposals[J]. IEEE Transactions on Multimedia, 2018, 20(11): 3111–3122.

[14] He Kaiming, Gkioxari G, Dollár P, et al. Mask R-CNN[C]//2017 IEEE International Conference on Computer Vision. Venice, Italy. IEEE, : 2980–2988.

[15] 杜艳玲.基于海洋遥感影像的中尺度涡自动识别及与渔场动态关系研究[D].上海:上海海洋大学,2017.

[16] He K,Sun J,Fellow,et al. Single image haze removal using dark channel prior[J].IEEE Transactions on Pattern Analysis & Machine Intelligence,2011,33(12): 2341–2353.

[17] Hitam M S, Yussof W N J H W, Awalludin E A, et al. Mixture contrast limited adaptive histogram equalization for underwater image enhancement[C]//International Conference on Computer Applications Technology. Piscataway, USA: IEEE, 2013: 5.

[18] Lou Z , Mishra A , Achkar A. Non-local deep features for salient object detection[C]. IEEE Conference on Computer Vision and Pattern Recognition (CVPR), 2017 (1): 6593-6601.

[19] Mining W I D. Data mining: Concepts and techniques[J]. Morgan Kaufinann, 2006, 10: 559-569.

[20] 孙吉贵, 刘杰, 赵连宇. 聚类算法研究[J]. 软件学报, 2008, 19(1): 48-61.

[21] Dempster A P, Laird N M, Rubin D B. Maximum likelihood from incomplete data via the EM algorithm[J]. Journal of the Royal Statistical Society: Series B (Methodological), 1977, 39(1): 1-22.

[22] Zhong C, Miao D, Fränti P. Minimum spanning tree based split-and-merge: A hierarchical clustering method[J]. Information Sciences, 2011, 181(16): 3397-3410.

[23] Shao X, Cheng W. Improved CURE algorithm and application of clustering for large-scale data[C]//2011 IEEE International Symposium on IT in Medicine and Education, Guangzhou. IEEE, 2011, 1: 305-308.

[24] Hinneburg A, Keim D A. An efficient approach to clustering in large multimedia databases with noise[C]//KDD, 1998, 98: 58-65.

[25] Edla D R, Jana P K. A grid clustering algorithm using cluster boundaries[C]//2012 World Congress on Information and Communication Technologies. IEEE, 2012: 254-259.

[26] 周涛, 陆惠玲. 数据挖掘中聚类算法研究进展[J]. 计算机工程与应用, 2012, 48(12): 100-111.

[27] 赵慧, 刘希玉, 崔海青. 网格聚类算法[J]. 计算机技术与发展, 2010, 20(9): 83-85.

[28] Edla D R, Jana P K. A grid clustering algorithm using cluster boundaries[C]//2012 World Congress on Information and Communication Technologies. IEEE, 2012: 254-259.

第3章 基于岸基视频分析的海浪要素检测技术

3.1 海浪监测技术概况

海浪是海洋中一种重要的物理现象，具有高动态性，传递着巨大的能量。现代航海、军事、海洋工程、海洋灾害预警等都需要高精度的海浪资料来支撑。描述海浪特征的主要要素包括：波高、周期、波向、波长等。海浪监测的方法很多，根据监测设备或手段不同，大体可以分为浮标测波法、雷达测波法、卫星测波法、人工目测法等。如何以最小成本获取稳定、可靠、精细的海浪数据是海浪监测领域关注的要点[1]。

3.1.1 人工目测法

人工目测法是我国沿海海洋系统最早采用的监测方法，在我国海洋观测史上已沿用了几十年。这种方法是一种传统的纯人工的方法，采用秒表和望远镜等辅助器材观测海浪要素，其优点是不过分依赖外部环境因素，不依赖自动测量仪器，可以避免设备误差。缺点是虽然观测人员在被聘用前经过了严格的培训考核，但纯人工观测会导致观察者之间的误差相对较大，获得的数据的可比性比较差，可靠性也比较低[2]。

改进的人工目测法借助光学测波仪，在望远镜内部增加了瞄准机构、俯仰微调机构、方位指示机构、调平机构和浮筒等辅助装置。该装置在望远镜内靠目镜的一端配备有透视网格的分划板，其刻度值相当于在海面上布设一个直角坐标系统，将望远镜瞄准海上布放的浮筒就能观测波浪的高度和周期等特性[3]。通过辅助装置的观测刻度，其观测的数据精确度有了很大的提高，而且不受外部环境的影响，但是人为误差仍然不可避免[1]。

人工波浪观测是20世纪最重要的波浪观测手段之一，训练有素的观测员获得的波浪数据是比较可靠的。然而，无论是纯粹的人工目测波浪，还是用光学波浪仪观测波浪，都会受到光线和恶劣天气条件的影响，难以进行连续的波浪观测，而且由于观测结果存在一定的主观性，难免会出现人为误差。随着海洋观测技术的发展，人工波浪测量逐渐退出历史舞台，但人工观测可以作为仪器观测的参考[3]。

3.1.2 浮标测波法

浮标的主要目的是测量气温、水温、风速以及风向等信息，包括锚系浮标和漂流浮标。锚系浮标是长期连续观测海洋动力环境、气象及海洋生态化学要素的主要平台技术，其特点是连续搜集数据和长期稳定监测数据；漂流浮标是指随海流漂流的小型浮标，自动连续采集海洋水文、气象、海流等数据，具有体积小、重量轻、不受人为限制等特点。我国浮标技术的发展以提高浮标在海上作业的安全性和可靠性为目标，不仅要提高浮标在海浪观测中的精度，还要延长浮标在海上的正常作业时间，并在海上出现异常情况时及时修复浮标，保证测量的长期性[4]。

近海海浪的监测多采用浮标测波法，测波浮标是一种无人值守的可以长期、自动、定点、定时、全天候对波浪高度、波浪周期、波浪传播方向、功率谱、方向谱等水文要素进行遥测的小型浮标测量系统[5]。测波浮标是一种对海浪信息进行原位测量的技术，由于从浮标获得的波浪数据的可靠性，被广泛应用。多年来，浮标技术不断发展，目前世界主要海域部署了大量的浮标，形成了广泛的浮标网络，不仅用于波浪方向观测，还用于波浪理论、海洋预报、船舶导航等。

根据使用的传感器不同，浮标测波分为两种：基于加速度传感器和基于GPS，其中基于加速度传感器的波浪浮标在实际工程中应用最为广泛[4]。重力加速度测波浮标是指装有加速度传感器或重力传感器的浮标，用于随着海面变化采集运动参数，从而计算出波浪特征参数。该测波仪的优点是测量精度高、操作简单、维护方便、通信方式灵活、可长期连续观测，但也存在一些不足之处：当出现台风风浪时，容易造成浮标锚链断裂使浮标观测数据丢失[5]。GPS 测波浮标原理是通过 GPS 接收机测量载波相位变化率而测定 GPS 信号的多普勒频偏，并计算 GPS 接收机的运动速度。现行的波浪浮标有单点 GPS、差分 GPS、实时动态 GPS 等多种。因为 GPS 接收机与卫星作相对运动，GPS 接收机接收到的频率与卫星信号发射器信号频率不相同，产生了多普勒效应。GPS 浮标通过多颗卫星接收 GPS 信号，并在配置后将接收到的数据传输到数据控制中心。数据控制中心通过计算处理得出收发机的三维位置、各个水质点的瞬时速度，根据多普勒原理得出频率变量，以计算各种波浪参数，实现海洋监测目标[6]。GPS 测波浮标除了自身的缺点外，还存在强浪中信号不稳定、不能充分接收卫星信号等不足[3]。

浮标测波法目前被认为是海洋环境监测技术中最重要的发展之一。它结合了传感器技术、自动采样现场分析技术、计算机数据采集和处理技术、数据通信和定位技术、浮标设计和制造技术等高新技术，对海洋环境的相关要素进行监测，并将监测数据实时传输到通信中心。浮标测波可以对预先确定的区域进行在线实时、高速、低耗、自动监测。因此，浮标监测已被广泛使用[7]。

3.1.3　雷达测波法

雷达技术应用于海浪观测是近年来海浪观测的一个重要发展。雷达向海面发射电波，接收到的回波由波浪雷达回波图像处理系统，通过数字图像建模计算出必要的波浪参数。与浮标测波法相比，雷达的优点是不需要在海里安装观测仪器（在调试好相关系数后）。然而，雷达测波的精度受限于雷达图像数据建模技术，目前建模技术还不完善，仍需不断改进[1]。

常见的雷达测波技术可分为 X 波段雷达、高频地波雷达和合成孔径雷达（synthetic aperture radar，SAR）。X 波段雷达通常分为岸基和船基雷达，可用于测量海浪和海流，以及跟踪海上移动目标。其基本原理是，当 X 波段雷达波入射到海面时，那些与雷达波长相当的、由风引起的毛细波产生布拉格（Bragg）散射，同时又被较长的重力波调制，形成雷达回波[4]。X 波段雷达可以有效地获取陆地和船舶几海里内的波浪信息，而且与其他类型的雷达相比具有成本低、分辨率高、机动性强、易于维护与移动等优点，但实际的波高测量精度还有待提高。高频地波雷达也可分为岸基和船基雷达，具有测量范围广、测量成本低、探测效率高、可操作性强、可全天性工作等优点。其中，岸基高频地波雷达可以有效地解决同步卫星不能实时监测的缺点，但该雷达成本太高，且体型太大只能在岸基使用，不能观测到远海海域的海面信息，在近岸也会因为工作盲区无法提供近岸的海面变化信息，无法保障近岸工作的需求。SAR 是一种高分辨率的脉冲多普勒成像雷达或主动式微波成像雷达，通常由卫星或航天器等观测平台携带，可以跟踪全球波浪方向的频谱，并提供关于波浪形态的信息[3]。具体介绍见下一节。

3.1.4 卫星测波法

我国对自主海洋卫星的论证始于20世纪80年代，在过去的几十年里，HY-1A、HY-1B和HY-2A等实验卫星的发射大大提高了海洋卫星的时间和空间分辨率，实现了对大面积海洋参数的同步观测。卫星遥感的波浪观测是过去30年中波浪观测技术的另一个重大进步，与传统测量方法相比，卫星遥感具有全天时、全天候、大规模、长时序观测、观测周期短、空间分辨率高、同步性强等独特优势，是现代三维海洋观测系统的重要组成部分[9]。

目前，用于观测海浪信息的主要卫星微波遥感设备是雷达高度计（ALT）和SAR。ALT可以测量出海面有效波高，SAR可以测量有效波高和海浪方向谱[9]。雷达高度计用于沿海地区，因其空间变化大，轨迹所覆盖的范围（直径约10km）和重复性都是相对程式化的，不能获得波浪周期和方向。由于波浪与表面的均方根坡度有关，所以也可以用来确定波浪的周期，但平均波周期的精度仍然相当粗略。SAR可以观测全球波浪方向谱，并提供有关波浪结构的信息。然而，从SAR图像中获取波浪信息是困难的，而且在港口和海湾等沿海地区的使用也是有限的，产生的海面影像要转变成精确的波浪谱还相差甚远，所以还需要进行大量后处理才能获得定量的波浪信息[10]。

基于SAR的成像原理获取海面影像，然后进行图像处理得到海浪参数的技术，其优势在于大范围区域性监测，不受空间和地理限制。以目前的技术，有效波高的测量精度已经可以达到一般海洋测波浮标的水平[1]。与只提供整体参数（如有效波高）的卫星高度计相比，SAR转换提供了完全方向谱，这对波浪模型的验证更有价值。然而，由于卫星遥感数据的采集和观测间隔不等，样本量大，分辨率有限，而且在极端条件下不能自动增加观测次数，数据中的信息可能会错过最大值，使用这种方法对多年一遇的值可能会偏小，也很难监测到波浪周期。

3.2 基于图像/视频的海浪监测技术

3.2.1 基于立体摄影的测量法

岸基立体摄影海浪测量技术是一种高精度的海浪测量技术，它利用架设在岸边或海上平台上的两台或多台相机同时获取海面影像，通过影像匹配和透镜成像原理精确测量海面起伏的三维时空分布，相应计算出海浪各要素，反演海浪波数谱；它能够弥补浮标和遥感观测技术针对方向谱观测的不足[11]。

立体摄影测量系统由三部分组成：摄影测量系统的标定、影像匹配以及得到海面起伏。其中摄影系统的校准分两个阶段进行：首先在室内完成相机固有参数的标定，然后根据实地采集的影像标定其相对定向参数。图像匹配是立体摄影的一个具有挑战性的方面，其可靠性、准确性和自动化是立体摄影是否实现应用化的标志。海面起伏的三维重构分为三个部分：空间前方交会、绝对定向和海面高程图。空间前方交会就是通过共轭图像点来确定相应的特征点，绝对定向是将相机坐标系与特征坐标系联系起来，所有获得的特征点都使用特征坐标系进行映射，生成海面高度图。

目前，已发展的立体摄影海浪测量系统的理论背景是 Abdel-Aziz 在 1971 年提出的直接线性变换（direct linear transform，DLT）理论。根据 DLT 理论，摄影测量分两个阶段进行，在第一个阶段，依据控制点坐标进行影像采集系统标定。在理论上，校准需要每台相机至少有六个参考点。在实践中，往往需要几十个等距的控制点来满足尺寸精度要求。在第二个阶段，通过影像匹配和空间前方交会实现海面轮廓的重构。在按分辨率进行勘探的情况下，对单个图像进行耗时的后期处理，效率较低。如今随着计算机运行速度的大幅提高，这个阻碍得到了有效的解决。

与正在发展的其他立体摄影海浪测量技术相比，无须海面控制点的立体摄影海浪观测技术依次经过相机固有参数标定（或内定向）、相对定向和基于平均海面的绝对定向三个环节实现了立体摄影海浪测量，避免了对海面控制点的需求，大大降低了立体摄影测量海浪的复杂性（相对定向方法），使其可以作为一种波浪观测技术来发展。Spencer 等[12]在摄像机未标定情况下用傅里叶变换探索水波的色散关系来确定真实场景的大小，使用暂态频谱和已知海洋频谱的随机模型来确定海况，可以检测出海浪要素特性，但不同环境海域的海洋频谱不一样，需要单独建立，鲁棒性较差，不能很好地满足实际应用。MacHutchon 和 Liu[13]利用三目立体视觉系统，测量和分析三维表面波位移随时间的变化，能较好地检测海浪传播方向，但是对浪高的解析精度较低。Shi 等[14]提出一种基于双目立体视觉估计波浪高度和周期的方法，根据双目视觉从基准面提取波浪垂直高度和波浪周期。总体而言，基于摄影测量的方法计算复杂度和成本都较高。

3.2.2 基于图像/视频特征的海浪要素检测法

图像特征是计算机视觉中一个重要的方向，用于识别和分类图像中的对象和场景。近年来，基于图像特征的海浪要素检测方法在海洋科学研究领域得到了广泛的关注和应用。

海浪要素检测方法的目的是提取海面的形态特征，如海浪的高度、宽度、周期等。传统的海浪要素检测方法通常依赖于海浪传感器，如高度计、周期计等，但这些方法的成本较高，对环境的影响较大。因此，基于图像特征的海浪要素检测方法具有较大的应用前景。

目前，基于图像特征的海浪要素检测方法主要有基于灰度值特征、形态学特征、纹理特征等。基于灰度值特征的方法通过对海浪图像的灰度值进行分析，从而提取海浪的相关特征信息。基于形态学特征的方法则利用图像处理技术，如腐蚀、膨胀、开运算等，对图像进行形态学处理，从而提取海浪的形态特征。基于纹理特征的方法则是通过分析图像的纹理特征，从而提取海浪的相关信息。李刚等[15]提出了一种基于图像纹理特征的波浪检测方法，利用灰度共生矩阵，计算4个独立特征量，根据分析结果确定特征量权值并计算不同波浪等级的阈值，按得到的阈值来检测波浪等级，该方法能较好地检测出波浪的等级，模型简单，计算效率较高，但无法做到海浪高度值的精细化检测。

视频由连续的图像帧构成，具有更多动态特征，可以用来提供海浪信息。Korinenko 等[16]通过分析视频信号亮度的分布函数，找到一种确定亮度变化的阈值算法，并应用于视频记录中，可以很好地识别破碎波浪的运动变化。Mironov 和 Dulov[17]利用视频数据进行风浪破碎检测，基于所研究现象的物理先决条件和统计特性，提供了一种评估和分析白冠（即波浪破碎产生的白色波浪）统计数据的方法，包括它们的速度矢量。

不同的方法具有不同的优劣势，因此，在实际应用中往往需要结合多种方法，以实现更为准确和高效的海浪要素检测。同时，由于海浪图像存在复杂背景、低对比度等问题，如何有效地处理这些问题也需要进一步考虑。

3.2.3 基于深度学习特征提取的海浪等级检测模型

在面向海浪要素检测的近岸视频分析中，由于海浪运动的复杂性，数据低层特征无法精确表达海浪要素，而深度学习通过不断地特征抽取可以获得更加抽象的高层特征。因此，可以借助深度学习在视觉辨识方面的强大能力，构建海浪本征信息高层表达的学习网络，形成具有高度鲁棒性的海浪要素检测或识别模型。

近年来，一些基于深度学习的海浪要素信息提取方法被陆续提出。例如，郑宗生等[18]以获得海浪等级为目标，将海浪等级感知看作图像（视频帧）分类问题，提出了基于卷积神经网络的海浪等级分类模型 Wave-CNNs，并通过引入基于视频相关性的弹性因子来修正灵敏度，通过优化取景框、网络超参数等，使海浪等级分类精度达到 92%。宋巍等[19]以获得较为准确的浪高值为目标，将海浪浪高感知看作机器学习中的预测问题，提出了基于多层局部感知神经网络（NIN）的海浪浪高检测模型，在满足业务化海浪预测所要求 20% 相对误差之内，各级浪高值的检测精度均能达到 85% 以上。

下面详细介绍 Wave-CNNs 海浪等级检测模型的具体实现方法。

海浪等级是随着海浪预报的需要而形成的，最早可追溯到 1802 年，英国海军蒲福将军根据其 20 年的海况观测资料，制作了风力风速等级表，同时首次制作了海浪等级表[20]。后经过不断更新迭代，完善修正，现已成为全球通用的国际海浪等级划分标准与依据。表 3-1 展示了我国国家海洋局的海浪等级划分标准，其中通常所说的波高为有效波高（significant wave height，也称为有效浪高）。

表 3-1　国家海洋局海浪等级划分表

海浪等级	风浪名称	涌浪名称	波高 /m
0	无浪	无涌	0
1	微浪	小涌	<0.1
2	小浪		$0.1 \leqslant H < 0.5$
3	轻浪	中涌	$0.5 \leqslant H < 1.25$
4	中浪		$1.25 \leqslant H < 2.5$
5	大浪	大涌	$2.5 \leqslant H < 4$
6	巨浪		$4 \leqslant H < 6$
7	狂浪	巨涌	$6 \leqslant H < 9$
8	狂涛		$9 \leqslant H < 14$
9	怒涛		$H \geqslant 14$

基于近岸海浪等级分类模型 Wave-CNNs，如图 3-1 所示，其中包括 3 层卷积层（C1 ~ C3），在 C1、C2、C3 之后为 S1、S2、S3 采样层。最后一层是一个列向量，元素的数量代表模型分类类别的数量。受海浪视频训练数据限制，近岸海浪等级出现概率最高的为 1 ~ 4 等级（对应于波高 0 ~ 2.5m），约占 82%，因此这里将海浪等级分为 3 类，最后一层输出 3 个单元，依次代表三级海浪所分的类别。输出层使用经典的全连接层，并使用"Softmax"函数映射为不同海浪等级的概率。

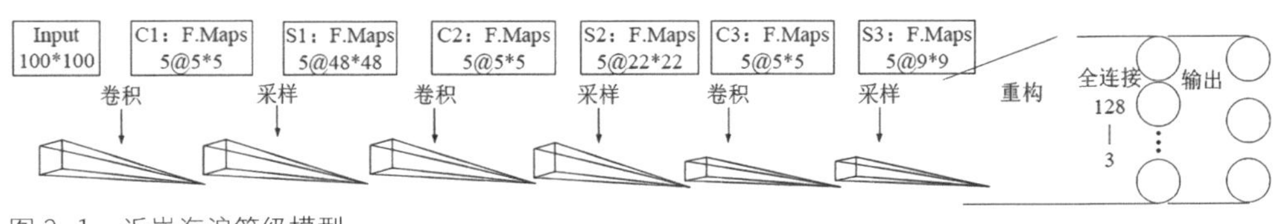

图 3-1　近岸海浪等级模型

卷积层的主要作用是利用卷积核与输入图像（海浪等级图像）进行卷积，以此来提取海浪等级图像的特征同时降低噪声。利用上一层特征图与本层卷积核进行卷积，得到的结果通过线性加权，再经过神经元激活函数激活后输出本层的特征图。以不同大小的卷积核逐层去学习近岸海浪等级图像内部的特征，假设输入层近岸海浪等级图像分辨率大小为 $M \times N$，可学习的卷积核大小为 $H \times V$，假定卷积步长为 1，那么得到的近岸海浪等级特征图大小为（$M-H+1$）×（$N-V+1$）。将通过卷积计算得到的近岸海浪等级特征图进行下采样，实现了近岸海浪等级图像的降维，降低计算复杂度。近岸海浪等级特征图的下采样方法为 2×2 平均池化操作，即将特征图每个 2×2 区域内的特征值取平均值作为输出，下采样后得到的特征图长宽各减半。

海浪等级视频与普通视频一样，具有视频的通用特性，故两者都具有视频相关特性，但是海浪等级视频的相关性更强，属于高时空关联的一种。具体而言，视频相关性是指视频中相邻两帧视频图像可能代表同一种内容，或者说所代表的两帧内容相似度比较大。将这种相关性应用于物体或者目标识别与分类，可以改善识别效果。基于这种高时空关联相关性对全模型进行优化，以提高训练精度及识别精度。通过提出基于高时空关联视频相关性的弹性因子来优化灵敏度 δ、调整学习率 η 来更新模型总体参数，使得模型的性能更优。

假设 v_1 和 v_2 是同一近岸海浪等级视频的两帧相邻视频图像，它们在隐含层 l 代表的特征可由 f_δ^l（v_1）和 f_δ^l（v_2）表示。考虑到高时空关联视频相关性，若 v_1 和 v_2 是相邻的图像，则设定 $f_\delta^l(v_1)$ 和 $f_\delta^l(v_2)$ 接近；若 v_1 和 v_2 是非相邻图像，则设定 $f_\delta^l(v_1)$ 和 $f_\delta^l(v_2)$ 分离。这时，需要引入一个函数（因子）来表示并衡量计算这样设定带来的误差，进而改善近岸海浪等级样本的质量同时提高近岸海浪等级分类模型的识别精度。由此，基于视频相关性的弹性因子 τ 表示为

$$y_{error}(\tau, v_1, v_2)=\begin{cases}\left\|f_\delta^l(v_1)-f_\delta^l(v_2)\right\|, & v_1\text{和}v_2\text{相邻}\\ \max\left(0, 1-\left\|f_\delta^l(v_1)-f_\delta^l(v_2)\right\|\right), & v_1\text{和}v_2\text{不相邻}\end{cases} \tag{3-1}$$

$$\delta' = p\delta + (1-p)\tau,\ 0 \leqslant p \leqslant 1 \tag{3-2}$$

将上述误差函数 y_{error} 计算得到的误差（弹性因子）因子 τ 按照权值比重加到 δ 上，得到针对近岸海浪等级图像特有的修正后的 δ'。最后，利用修正后的 δ' 和根据对比实验调整后的学习率 η 来训练适用于近岸海浪等级分类的 Wave-CNNs 模型。

3.3　视频时空分析的海浪要素检测技术案例

3.3.1　案例 1——时空特征多级融合的海浪有效浪高检测模型

海浪预报中，有效波高通常表示海浪的严重程度，因此对有效波高检测与预报具有实际意义。本案例介绍一种基于近岸海浪视频的浪高自动检测方法。该方法首先从近岸海浪监控视频中抽取视频帧，经过缩放、归一化等预处理后，使用基于深度可分离卷积模块 Xception[21] 搭建深度学习网络，进行浪高特征提取；其次，结合时空多级特征融合策略将海浪视频中时空特征以及不同层次的浪高特征进行融合；最后利用通道空间双注意力模块对融合后的特征进行权重调整，并使用全连接层输出浪高值。

3.3.1.1　融合帧差法与形态学操作的海面区域自动识别

近岸海浪视频画面中往往包含一些无关海浪的区域，如建筑物、礁石和天空等，如图 3–2 所示。因此，在对视频帧进行浪高检测之前，需要消除这些干扰物对浪高检测精度的影响。

图 3-2　海浪视频干扰物

为了解决海浪视频中干扰物影响浪高检测精度的问题，首先通过融合帧差法与形态学操作实现海面区域自动识别方法，然后基于时空多级特征融合浪高检测方法，实现浪高的精确检测。

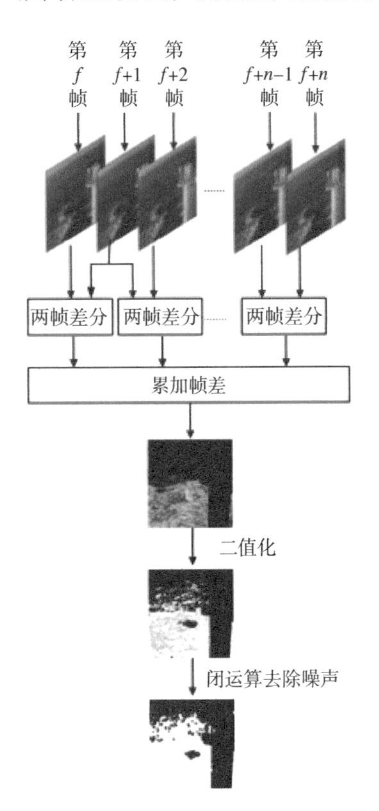

图 3-3　海浪视频干扰物去除流程

由于监测站点监控摄像头的位置和角度通常固定不变，因此可以通过手动选取海浪区域，并在视频预处理阶段裁剪所选定的区域，对选定的区域进行浪高检测。此方案实现上较为简单，但同时具有一定局限性：手动选取海浪区域意味着只能对局部进行浪高检测，自动化程度不够高，并且由于近海、中海和远海区域的海浪高度一般递增，检测所得浪高对于选取的海浪区域位置较为敏感。因此，需要一种更加自动化的海面区域识别算法。对连续帧进行差分可以提取视频中的动态特征，因此可以使用帧差法来检测画面中运动的海浪，然后累加一定数量的差分帧，就可以提取到视频中静止的区域，即礁石、天空和建筑物等，具体方案流程如图 3-3 所示。

设视频序列的连续两帧源图像分别为$f_{(k)}(x, y)$ 和$f_{(k+1)}(x, y)$，其差分图像 $D(k, k+1)$ 可表示为：

$$D=(k,k+1)=\left|f_{(k+1)}(x,y)-f_{(k)}(x,y)\right| \tag{3-3}$$

对连续 n 帧图像帧差累加结果为：

$$D=\sum_{k=1}^{n}D(k,k+1) \tag{3-4}$$

为了去除由源图像内在噪声产生的帧差图像的非零差值，需要选取阈值 T 对累积差分图 D 进行二值化处理，得到图像 D'。此时，图像 D' 中依然包含很多噪声，需要对其进行去噪处理。形态学中的闭运算常用于填充前景中的空洞，因此对图像 D' 进行闭运算以去除前景中的噪声，从而生成掩码图，在浪高检测前用于屏蔽含有干扰物的区域。

闭运算是对图像先进行膨胀操作后进行腐蚀操作，图像膨胀和腐蚀的计算公式分别如式（3–5）和式（3–6）所示。

$$A\oplus B=\left\{x\middle|(B)_x\cap A\neq\Theta\right\} \tag{3-5}$$

$$A-B=\left\{x\middle|B_x\subseteq A\right\} \tag{3-6}$$

式中：A 代表原始图像；x 表示其图像中的像素；B 代表结构元，这里采用 21×21 大小的结构元对原始图像进行闭运算。

3.3.1.2　基于时空多级特征融合的浪高检测网络

一般情况下，近岸海浪视频画面变化较为平缓，波动不大，但实际浪高并非如视频中风平浪静，因此在设计浪高检测网络时，需要考虑从浅层、中层、高层的角度提取特征。同时，海浪视频中蕴含了丰富的时间维度特征，为此从时空特征融合以及多级特征融合的角度设计了浪高检测网络（X–TSMLFF–CBAM）。

1）浪高特征提取模块

本节中的浪高检测网络基于 Xception[21] 网络搭建。Xception 是在 Inception V3[22] 网络的基础上，将普通卷积替换为深度可分离卷积，其目的是使跨通道相关性和空间相关性解耦，将卷积分解成一系列独立的操作。在此基础上，将 Inception V3 中标准的 Inception 模块简化为仅有一种规格卷积核的模块，并且不含平均池化。标准的 Xception 网络采用了 36 层可分离卷积层，并对各层次结构进行了精心的设计和优化，实现了空间与通道的解耦。此外，它借鉴跳跃连接的思想，把可分离卷积层分成 14 个模块，除了前后两个模块，其余模块均采用残差连接对网络结构进行优化。鉴于 Xception 模型具有强大的特征提取能力，本节对标准 Xception 网络结构简化后，用于提取海浪图像中的高层特征。

2）时空多级特征融合网络

随着网络深度的增加，浪高特征抽象程度逐渐增高，适当增加浪高检测网络的深度，有利于增强网络对非线性特征的提取能力，从而提取更高层次的浪高特征。但浪高的浅层特征往往随着网络深度的增加被弱化甚至消失，而这些浅层特征对浪高的检测也同样重要。因此，为了充分利用不同层次的浪高特征和海浪视频中的时空特征，本节设计了基于深度可分离卷积的时空多级特征融合网络。使用 Xception 网络骨架提取浪高特征，并将网络中 C、D 和 E 组件输出的特征进行融合，在融合后借助通道空间注意力模块 CBAM 在空间和通道上对权重进行再分配，网络结构如图 3-4 所示 A ~ F 组件中网络层具体参数见表 3-2 和表 3-3，其中 Conv 为卷积网络，Sep Conv 为可分离卷积网络，stride 为卷积中的滑动窗口步长，ReLU 为激活函数，MaxPool 为最大池化层，Global average pool 为全局平均池化层。

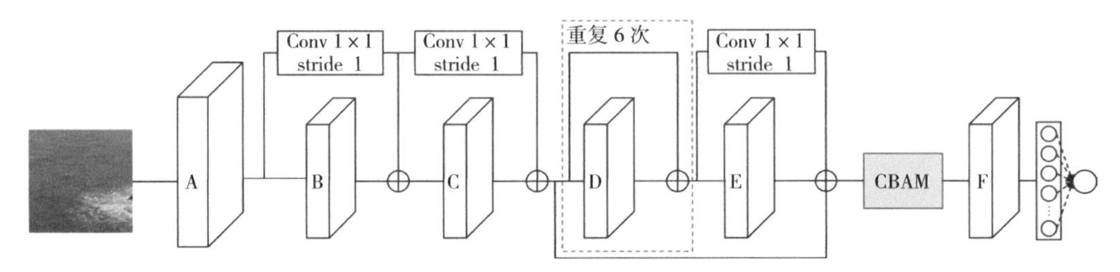

图 3-4 特征提取器结构

表 3-2 浪高检测网络中的 A、B、C 组件结构

A	B	C
[Input 32 × 32 × 3] Conv 32，3 × 3，stride 1 ReLU	Sep Conv 128，3 × 3 ReLU Sep Conv 256，3 × 3	{ReLU Sep Conv 728，3 × 3} × 2 MaxPool 3 × 3，stride 2

表 3–3　浪高检测网络中的 D、E、F 组件结构

D	E	F
$\left\{\begin{array}{c}\text{ReLU}\\ \text{Sep Conv 728，}3\times3\end{array}\right\}\times6$	ReLU Sep Conv 1 024，3 × 3	ReLU Sep Conv 1 536，3 × 3 ReLU Global average pool

特征提取器仅考虑了视频图像中浪高的空间特征，连续的海浪视频往往蕴含丰富的时间维度特征。为了充分提取视频中的浪高时间维度特征，去除预训练的多级特征融合网络的最后一层（图 3–4 中的全连接层）作为特征提取器，以连续 5 帧海浪图像作为输入，获取组件 F 的输出，得到 5 个浪高特征向量，将 5 个浪高特征向量在通道维度拼接后使用 CBAM 进行权重分配，之后使用一层含有 1 024 个神经元的全连接层对特征进行融合并输出浪高值，即时空多级特征融合网络，其结构如图 3–5 所示。

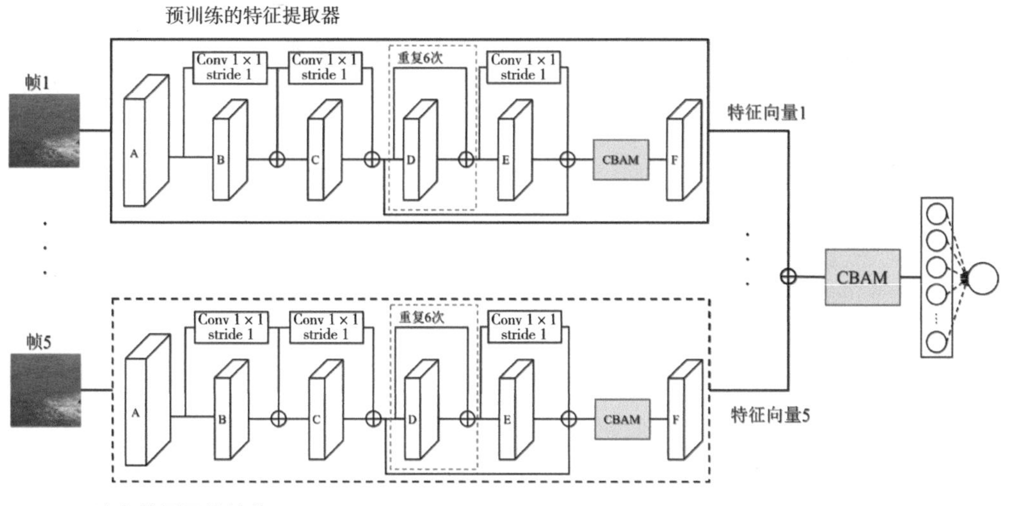

图 3–5　浪高检测网络结构

3）通道空间双注意力模块

此外，使用通道空间双注意力模块（CBAM）[23] 进行连续时间帧特征的融合。CBAM 兼顾通道和空间上的特征，已被证明比单独的通道或空间注意力更有效，它从通道和空间两个维度计算权重图，并将权重图与特征图相乘对特征图赋予相应的权重，CBAM 的结构如图 3–6 所示。其中，通道注

意模块用于关注时间维度中关键特征，其表达式为

$$\begin{aligned} M_c(O) &= \sigma\Big(MPL\big(AvgPool(O)\big)+MLP\big(MaxPool(O)\big)\Big) \\ &= \sigma\Big(W_1\big(W_0(O_{avg}^c)\big)\Big)+W_1\Big(W_0(O_{\max}^c)\Big) \end{aligned} \tag{3-7}$$

式中：O 表示该模块输入的特征向量；σ 表示 Sigmoid 函数；$W_0 \in R^{\frac{c}{r}\times c}$，$W_1 \in R^{\frac{c}{r}\times c}$ 分别表示多层感知机（MLP）操作的 2 个权重；$AvgPool$（ ）和 $MaxPool$（ ）分别表示平均池化和最大池化操作。

空间注意模块则主要关注特征图关键特征的位置信息，是对通道注意模块的补充，其表达式为

$$\begin{aligned} M_s(O) &= \sigma\Big(f^{7\times7}\big(\big[AvgPool(O); MaxPool(O)\big]\big)\Big) \\ &= \sigma\Big(f^{7\times7}\big(\big[O_{avg}^s, O_{max}^s\big]\big)\Big) \end{aligned} \tag{3-8}$$

式中：$f^{7\times7}$ 表示 7×7 卷积操作。

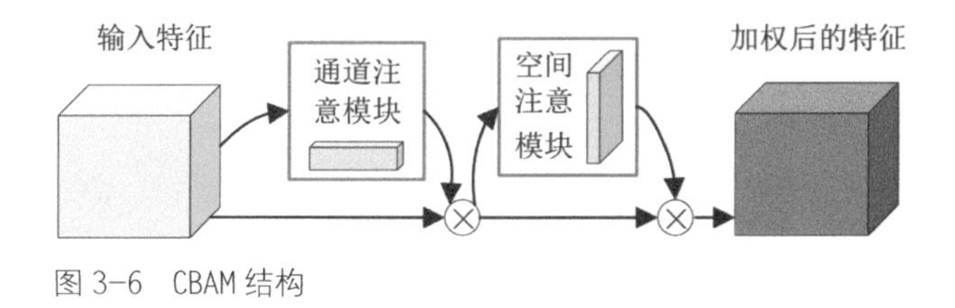

图 3-6 CBAM 结构

3.3.1.3 实验与结果分析

实验数据中，近岸海浪监控视频来自小麦岛观测站 2015 年 12 月—2016 年 12 月期间的监控视频，拍摄时段为上午 7 点至下午 4 点，每个视频时长为 1h，共有 67 个视频。为了获取近岸海浪长时间的变化特征，每隔 1min 对每个视频进行抽帧，并根据文献［22］的处理方式，将视频帧裁剪为 32 像素 ×32 像素的图片，形成 40 000 张图像的数据集，并以 8∶2 将数据集划分为训练集和测试集，最终得到包含 32 000 张海浪图片的训练集和 8 000 张海浪图片的测试集，使用其有效波高作为真实浪高值（简称浪高值），浪高值在 0.3 ~ 2.5m。

实验硬件环境如下：处理器为英特尔酷睿 i9-10885H，CPU 频率为 2.4GHz，内存为 16GB；操作系统为 Windows10（64 位）；程序设计语言为 Python3.6.9（64 位），集成开发环境为 PyCharm Professional 2019.3.3。

方法有效性评价指标采用平均绝对百分误差（mean absolute percentage error，MAPE）和平均绝对误差（mean absolute error，MAE），两者计算式如下：

$$MAPE=\sqrt{\frac{\sum_{i=1}^{N_t}(\tilde{y}_l-y_i)^2}{N_t}} \tag{3-9}$$

$$MAE=\frac{100}{N_t}\sum_{i=1}^{N_t}\frac{|y_i-\tilde{y}_l|}{y_i} \tag{3-10}$$

式中：y_i 为真实浪高；$\tilde{y}_l$ 为预测浪高；N_t 为预测长度。模型在预测浪高时，*MAPE* 和 *MAE* 的数值越小，代表预测结果越准确。

1）消融实验

首先为了确定浪高检测网络中 Xception 模块的层数，分别对 14 层、16 层、18 层和 20 层 Xception 模块下浪高检测误差进行了对比，实验结果见表 3–4。

表 3–4　不同层数 Xception 模块的浪高检测误差

Xception 模块层数	*MAE*/m	*MAPE*/%
14	0.20	9.85
16	0.16	8.65
18	0.14	7.97
20	0.15	8.10

由表 3–4 可以看到，随着网络中 Xception 模块层数的增加，网络的检测性能也随之提升，但当 Xception 模块层数增加至 20 层时，由于网络参数量过多导致过拟合，网络性能开始下降；当 Xception 模块的层数为 18 时，网络的检测误差最小，*MAE* 低至 0.14m，*MAPE* 低至 7.97%。因此，后续消融实验均基于 18 层 Xception 模块浪高检测网络展开。

接下来，对多级特征融合策略进行验证，将网络中 C 组件、D 组件和 E 组件输出的特征图与最后一层特征图融合，之后连接一层全连接层输出浪高值。实验结果表明，采用多级特征融合策略后，浪高检测的 *MAE* 下降了 0.03m，减少至 0.11m；*MAPE* 下降了 0.87%，减少至 7.10%。由此可见，多级特征融合策略可以有效地融合浪高浅层特征和深层特征，对降低浪高检测误差具有重要作用。

然后，在采用了多级特征融合策略的浪高检测网络基础上，加入 CBAM 模块，对浪高特征进行权重调整。实验结果表明，加入 CBAM 对于减小浪高检测误差具有重要作用，浪高检测的 *MAE* 下降了 0.01m；减少至 0.10m，*MAPE* 下降了 0.6%，减少至 6.50%。

最后，使用预训练的多级特征融合网络作为特征提取器，对若干连续视频帧提取特征，之后使用 CBAM 对提取到的浪高特征图进行权重分配，最后使用一层全连接层输出浪高。为了确定上述视频帧的数量，本节对融合不同数量视频帧的浪高特征对浪高检测精度的影响进行了实验，实验结果见表 3-5。

表 3-5 融合不同数量视频帧的影响

融合视频帧数量	*MAE*/m	*MAPE*/%
2	0.11	6.56
3	0.10	6.45
4	0.09	6.23
5	0.08	5.99
6	0.08	6.00

从实验结果可见，随着融合海浪视频帧数量的增加，浪高检测误差明显降低，并且当视频帧数量增加到 5 帧时，*MAE* 和 *MAPE* 便不再继续降低。因此，根据实验结果确定融合视频帧的数量为 5 帧，并且时空特征融合机制的引入，使得浪高检测的 *MAE* 进一步下降了 0.02m，减少至 0.08m；*MAPE* 下降了 0.51%，减少至 5.99%。

2）对比实验结果

将 X-TSMLFF-CBAM 浪高检测方法与图像识别领域常见的算法和文献［22］提出的浪高检测方法（NIN-SVR）进行对比，见表 3-6。对比模型均使用 ImageNet 数据集的预训练权重，将 Softmax 层替换为全连接层后进行微调。

AlexNet 由 Alex Krizhevsky 等于 2012 年提出，并在同年举行的 ImageNet Large Scale Visual Recognition Challenge（ILSVRC）中夺得比赛的冠军，自此深度卷积神经网络开始高速发展。ResNet50、ResNet101 和 ResNet152 出自同一篇论文，该论文提出的残差模块使用旁路分支解决了深度卷积神经网络中网络退化的问题，使得深度卷积神经网络层数进一步加深，从而拥有更强的抽象能力，残差模块被广泛应用在各类任务中。InceptionV1 通过不同尺寸的卷积核并行提取特征，在增强卷积核稀疏性的同时，减少了计算量，并在一定程度上提高了模型的泛化性能。InceptionV3 在 InceptionV1 的基础上进行了改进，借助因子分解的思想，将一个较大卷积 $n \times n$ 分解为 $1 \times n$ 和 $n \times 1$ 的卷积，进一步减少了网络参数。InceptionResNetV2 集成了 ResNet 和 Inception 模块的优点，不仅增加了网络的宽度和深度，还提升了网络的准确率。NIN-SVR 使用了 NIN 模块作为特征提取模块，并基于此模块搭建了两个浪高特征提取网络，分别从时间和空间两个角度提取视频帧中的浪高特征，最后使用 SVR 检测浪高值，能够有效地对海浪视频进行浪高检测。

表 3-6 表明，X-TSMLFF-CBAM 在 *MAE* 和 *MAPE* 指标上，表现均优于其他模型，并且具有参数量少、计算量小的优点。同时 X-TSMLFF-CBAM 的浪高检测平均 *MAPE* 为 5.99%，满足海浪业务化检测需求（*MAPE* 低于 20%）。

表 3-6　不同模型之间的对比

模型	*MAE*/m	*MAPE*/%	参数量 /MB
AlexNet	0.42	19.43	61
ResNet50	0.37	16.24	25.6
ResNet101	0.31	12.43	44.5
ResNet152	0.30	12.12	60.2
InceptionV1	0.26	10.30	23
InceptionV3	0.21	9.92	24
InceptionResNetV2	0.20	9.88	56
Xception	0.14	7.97	23
NIN-SVR	0.12	7.39	14
X-TSMLFF-CBAM	0.08	5.99	12

注：TSMLFF 为时空多级特征融合（time-spatial and multi level feature fusion）。

本案例通过严谨的消融实验，首先确定了特征提取网络中可分离卷积的基本层数，然后对比采用多级特征融合策略前后的浪高检测误差，验证了多级特征融合策略的有效性，在此基础上进一步使用通道空间双注意力模块降低浪高检测误差，最后使用预训练的浪高特征提取模块对不同数量的海浪视频帧进行特征提取，根据最终的浪高检测误差，确定视频帧的数量，最终确定了一个基于时空多级特征融合的浪高检测网络，实现以较低的误差从海浪图片中检测浪高。

3.3.2 案例 2——时空特征协同的海浪周期检测模型

近岸海浪要素中的浪高，因其与海浪灾害直接相关成为海洋预报中最重要的因素。但同时，海浪周期的长度影响波的折射，折射对海岸水深的影响很大，进而影响破碎浪的波高和速度，这些对近岸冲浪、港口安全尤为重要。此外，浪高和周期也是近岸海浪模式预报数值模型（如 SWAN[24]、TOMAWAC[25] 和 MIKE21）的关键指标。

研究表明，海浪视频能够提供连续时间大范围的实时波浪信息[26]。海浪的波高体现的是海洋的能量信息，与之相比，海浪周期更需要体现时间上变化的周期性。基于时空协同分析的近岸视频海浪周期检测方法，主要思想借鉴了视频中运动识别的时间维度特征表达，通过构建由两个不同维度的卷积构成的复合卷积网络，从而实现时间和空间维度的协同海浪周期分析。该方法以连续海浪视频帧为输入，首先利用二维卷积神经网络（2D-CNN）提取视频帧的空间特征，将空间特征在时间维度上拼接成序列，再通过一维卷积神经网络（1D-CNN）提取时间维度特征，这种复合卷积神经网络（CONV2D1D）能够实现海浪时空信息的有效融合，最后，采用注意力机制对融合后的特征进行权重调整，并线性映射为海浪周期。通过两个比较实验验证了该方法的有效性：①空间特征和时间 - 空间特征协同的对比，使用 CNN 网络只提取空间特征来对比所提出的复合卷积网络；②针对时空特征学习和融合的方法，与 ConvLSTM 网络进行了对比实验。

3.3.2.1 海浪周期检测框架

海浪周期检测的整个过程分为三个部分：①数据预处理，实验从海浪监控视频中获取图像帧并完成裁剪、降噪等处理使其适合于检测网络的输入；②特征学习网络，从输入数据中提取出波浪周期时空特征的高层表达；③周期预测，通过注意力机制对提取的高层特征进行权重调整，然后通过全连接层将其线性映射到周期，从而获得周期值。

1）数据预处理

实验使用的视频数据来源于黄海 X 岛监测站 2019 年 8 月 19—23 日的监控视频，由于某些时段没有数据，视频数据从早晨 6 点持续到 16 点。每段视频时长 1h，对应一个显著波周期，共收集了 49 个匹配 30 个不同显著波周期的视频。视频所对应的周期真值来源于浮标监测数据。

在进行周期检测时，时间维度的特征表达未采用差分法（海浪波高检测时使用差分图来表征时间维度上的变化），而是通过连续帧序列来表示波周期的变化细节。实验证明差分图不足以表征波周期的动态变化，这可能是由于周期的变化需要在更长时间序列上体现。同时，为了获取连续的波的细节信息，以 1s 为间隔提取连续帧图像，分别以 10 帧和 30 帧组成一个样本，以检验不同长度序列对周期检测精度的影响。提取出的图像帧经过裁剪（避开障碍物，只保留海浪部分）后大小为 64 像素 ×64 像素，构成未过滤的数据集。考虑到数据集中波浪周期的合理分布，将未过滤的数据集进行筛选，最终得到 31 458 个样本，周期范围 4.3 ~ 12.7s。将数据集进一步分成训练集和测试集，比例为 9 ∶ 1。

2）周期检测模型

海浪周期检测模型构建为融合时空特征的复合卷积神经网络（Conv2D1D），如图 3–7 所示，主要由两部分组成：二维卷积神经网络（2D–CNN）和一维卷积神经网络（1D–CNN），分别学习空间和时间维度上的特征。2D–CNN 对每张输入图像的二维空间特征进行学习，对一个样本 N（N=10 或 30）个连续图像学习获得的空间特征图进行合并，再输入 1D–CNN 对时间连续信息进行学习，最后将得到时空融合特征通过全连接和回归预测输出海浪周期。

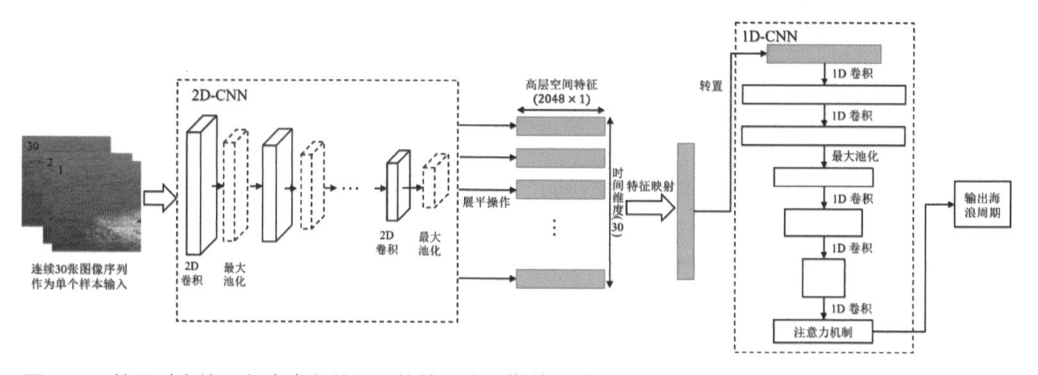

图 3–7　基于时空协同复合卷积神经网络的海浪周期检测模型

2D-CNN 网络采用与 VGG 网络[27]类似的结构来学习每张输入的二维图像的空间特征。2D 卷积提取与周期相关的空间特征，其过程可以表示为式（3-11），1D 卷积提取与周期相关的时间特征，其过程可以表示为式（3-12）。

$$H(i,j)=F(i,j)*G(i,j)=\sum_{m}\sum_{n}F(m,n)\,G(i-m,j-n) \tag{3-11}$$

$$s(n)=f(n)*g(n)=\sum_{m=0}^{N-1}f(m)g(n-m) \tag{3-12}$$

式中：$F(i,j)$ 表示像素点（i，j）处的输入特征，而 $G(i,j)$ 表示大小为 $m\times n$ 的卷积核。$H(i,j)$ 表示卷积操作后的输出；$f(n)$ 表示输入特征向量；$g(n)$ 表示长度为 n 的一维卷积核；N 为特征向量 $f(n)$ 的长度；$s(n)$ 表示一维卷积操作后的输出。

2D-CNN 网络对一个样本中的 N（N=10 或 30）个连续图像分别学习获得对应的 N（N=10 或 30）个海浪的空间特征，随后将提取的空间特征在时间序列上合并，再输入到 1D-CNN 中学习连续的时间特征。然后，1D-CNN 在 n 个帧上执行卷积运算，实现空间和时间特征的融合。其特征提取过程如下

$$\begin{gathered}J_t=Fla\left(H\left(I_t\right)\right),\ I=\{I_1,I_2,\cdots,I_t,\cdots,I_{30}\}\\ y=s\left(J^T\right),\ J=\{J_1,J_2,\cdots,J_t,\cdots,J_{30}\}\end{gathered} \tag{3-13}$$

式中：I 表示大小为（30，64，64，3）的单个输入样本；I_t 为样本中的第 t 张图像，大小为（64，64，3）；$H(I_t)$ 表示 2D-CNN 网络对输入样本的第 t 张图像提取高维特征，得到大小为（2，2，512）的特征矩阵，$H(I_t)$ 经过 $Fla(\ )$ 操作被展平成大小为（2 048，1）的一维特征向量 J_t，单个样本中的 30 个一维特征向量 J_t 拼合成二维特征矩阵 J，经转置构成 30 行 2 048 列的二维特征矩阵 J^T；y 表示特征矩阵 J^T 经过一维卷积网络学习后输出大小为（668，128）的时空特征矩阵。

空间特征学习的 2D-CNN 网络结构，有 5 个卷积段，每一个卷积段有 2～3 个卷积层，同时每段最后都会连接一个最大池化层，使用的全部都是 3×3 的小卷积核和 2×2 的池化核。每段内的卷积核数量都一样，5 个段的卷积核数量分别为 64，128，256，512，512。

时间特征学习的 1D-CNN 网络结构中，前两层的卷积核大小设置为 5，后两层设置为 10，卷积核数量分别为 64 个和 128 个，实现了对 N 个时间维度上的特征学习；最大池化层为 3，对空间维度特征进行降维；最后采用全局平均池化，得到一维向量。

模型的 loss 函数使用 MSE，模型训练使用 Adam 作为优化器，学习速率设置为 0.000 01，每训练一个 epoch 后衰减 0.1。

3.3.2.2　实验结果与分析

为检验时空特征协同网络（Conv2D1D）对海浪周期检测的有效性，进行了两种情况下的对比：一是判断时空特征的协同是否对海浪周期的检测有效，对比网络是 VGG16[27]，该网络只针对空间特征进行学习，因此输入数据为单帧图像；二是检验时空协同的方法对海浪周期的检测性能的影响，对比网络是 ConvLSTM[28]，该网络采用了三层 LSTM 结构，两个 dropout 层来防止过拟合。此外，还研究了时间序列长度对模型精度的影响，分别取 10 和 30 两种长度的时间序列进行训练和测试。

表 3–7 给出了各类测试数据集上周期检测的结果。首先，抛开 ConvLSTM 与 Conv2D1D 网络模型的差异性，对比两个模型受不同时间序列长度的影响，可以看出较长的时间序列（30s）比短时间序列（10s）误差要小，检测精度更高。由于实验数据的海浪周期范围是 4 ~ 12s，部分周期超过 10s，以 10s 长度的时间序列可能无法完全捕捉足够的周期信息，因而导致检测精度不高。以 30s 作为序列长度能够涵盖足够多的周期时间信息，同时也能避免时间序列长度太大导致的计算效率低下问题。

其次，对比不同类型网络之间的差异，可以看出使用 30 序列长度的 Conv2D1D–30 网络取得最佳的测试结果（*MAE*=0.48，*RMSE*=0.66）。同时，Conv2D1D–30 和 ConvLSTM–30 预测精度均优于基于单帧图像训练的 VGG16 模型的结果（*MAE*=0.93，*RMSE*=1.41），这说明时空特征结合模型预测效果优于单一空间特征。而序列长度为 10 的模型 Conv2D1D–10 和 ConvLSTM–10 性能均低于 VGG16，说明对于海浪周期预测，时间信息的有效捕捉具有重要影响。

表 3–7　测试数据集上周期检测结果对比

	Conv2D1D–10	Conv2D1D–30	VGG16	ConvLSTM–10	ConvLSTM–30
MAE	1.21	**0.48**	0.93	1.08	0.82
RMSE	1.66	**0.66**	1.41	1.57	1.13

为进一步验证深度学习模型的泛化性能，选取数据集之外的 2019 年 04 月 25 日 6：00—16：00 的视频数据进行检测，其周期范围为 5.6 ~ 7.3s，实

现结果如图 3-8 所示。Conv2D1D 模型检测值（蓝色线）与周期真值（橙色线，每小时一个值）吻合度最高，ConvLSTM 模型检测值明显高于真值，而 VGG16 模型由于对单帧进行检测，结果呈现剧烈波动，不够平滑。上述结果显示出基于时空特征协同分析的复合卷积神经网络对海浪浪高检测的有效性。

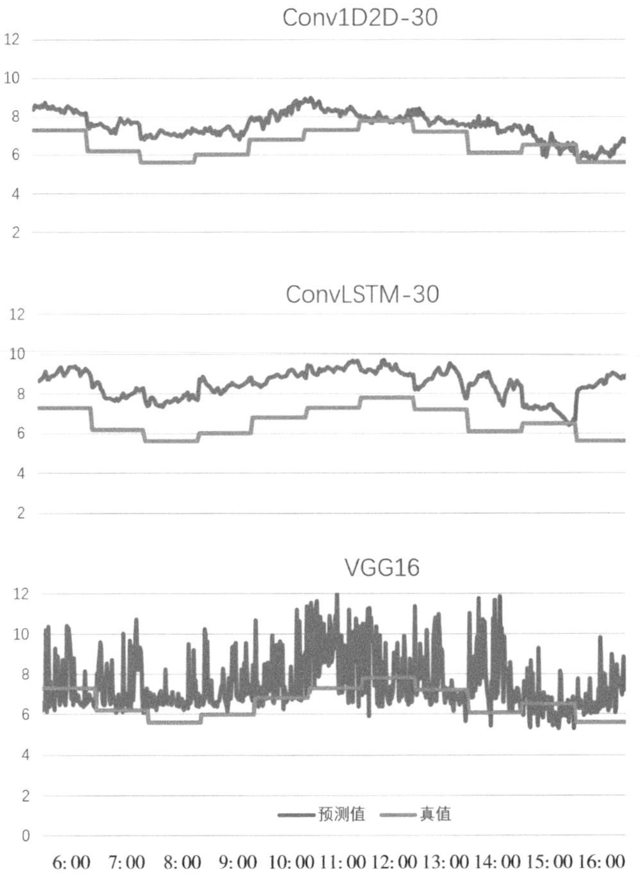

图 3-8　不同海浪周期检测模型的泛化性能比较

以上两个案例，针对海浪在视频中表现出的空间和时间特性，构建了直接提取时空融合特征的近岸浪有效波高和周期检测模型，提出了一套基于计算机视觉检测海浪要素的方法。该方案采用易于获取且包含了丰富海浪运动信息的监控视频作为海浪监测数据来源，能够为高成本、大覆盖的传统遥测技术提供辅助信息；同时，训练深度学习模型建立视频特征与海浪要素信息的映射，实现海浪要素的自动检测，也为目前计算机视觉技术支持更大范围海洋应用提供了思路，值得更深入的研究和拓展。

参考文献

[1] 齐勇,闫星魁,郑姗姗,等.海浪监测技术与设备概述[J].气象水文海洋仪器,2015,33(3):113-117.

[2] 陈泽鸿,李衍森.浅谈几种海浪观测法的优缺点[J].科技创新与应用,2014(32):82.

[3] 周庆伟,张松,武贺,等.海洋波浪观测技术综述[J].海洋测绘,2016,36(2):39-44.

[4] 吴鑫.波浪浮标的波向测量改进算法研究[D].哈尔滨:哈尔滨工程大学,2020.

[5] 刘国栋.波浪浮标系统设计与测波方法研究[J].科学技术与工程,2011,11(35):8805-8809.

[6] 唐原广,康倩.波浪浮标测波方法比较[J].现代电子技术,2014,37(15):121-122.

[7] 殷安云.基于雷达遥感的海浪信息研究与仿真模型验证[D].桂林:广西师范大学,2018.

[8] 袁策.基于ZY-3光学影像的海浪参数提取算法研究[D].武汉:武汉大学,2016.

[9] 潘琦,刘丽东,马静武,等.卫星遥感监测人类活动所致海洋环境污染研究进展[J].海洋通报,2022,41(6):722-736.

[10] 左其华.现场波浪观测技术发展和应用[J].海洋工程,2008(2):124-139.

[11] 王英霞,姜文正,陈胜.基于海面影像的立体摄影相对定向方法[J].海洋科学进展,2018,36(1):34-43.

[12] Spencer L, Shah M, Guha R K. Determining scale and sea state from water video[J]. IEEE Transactions on Image Processing, 2006, 15(6):1525-1535.

[13] MacHutchon K R, Liu P C. Measurement and analysis of ocean wave fields in four dimensions[C]//Proceedings of the 26th International Conference on Offshore Mechanics and Arctic Engineering, 2007, San Diego, California, USA: ASME: 1-5.

[14] Shi L, Yang L, Zhu H H, et al. Measurements of wave characteristics based on binocular vision and zero-crossing method[C]//Proceedings of the 3rd IEEE Advanced Information Technology, Electronic and Automation Control Conference (IAEAC), 2018, Chongqing, China: IEEE: 613-616.

[15] 李刚,熊亚洲,刘康克,等.一种基于图像纹理特征的波浪检测方法[J].计算机应用研究,2013,30(4):1226-1229.

[16] Korinenko A E, Malinovsky V V, Kudryavtsev V N. Experimental research of statistical characteristics of wind wave breaking[J]. Physical Oceanography, 2018, 25(6):489-500.

[17] Mironov A S, Dulov V A. Detection of wave breaking using sea surface video records[J] Measurement Science and Technology, 2008, 19(1): 015405.

[18] 郑宗生,郝剑波,黄冬梅,等.基于深度学习的近岸海浪等级视频监测[J].海洋环境科学,2017,36(6):934-940.

[19] 宋巍,周旭,毕凡,等.近岸海浪视频浪高自动检测[J].中国图象图形学报,2020,25(3):507-519.

[20] 许富祥,许林之.海浪预报方法综述(一)[J].海洋预报,1989(3):33-43.

[21] Chollet F. Xception: Deep learning with depthwise separable convolutions[C]//Proceedings of the IEEE Conference on Computer Vision and Pattern Recognition,

2017: 1251–1258.

[22] Szegedy C, Vanhoucke V, Ioffe S, et al. Rethinking the inception architecture for computer vision[C]//Proceedings of the IEEE Conference on Computer Vision and Pattern Recognition, 2016: 2818–2826.

[23] Woo S, Park J, Lee J Y, et al. Cbam: Convolutional block attention module[C]// Proceedings of the European Conference on Computer Vision (ECCV), 2018: 3–19.

[24] Ris R C, Holthuijsen L H, Booij N. A third-generation wave model for coastal regions: 2. Verification[J]. Journal of Geophysical Research: Oceans, 1999, 104(C4).

[25] Marcos F, Benoit M, Becq F. Development of a third generation shallow–water wave model with unstructured spatial meshing[C]// International Conference on Coastal Engineering, 1997: 465–478.

[26] Holman R, Stanley J, Ozkan–Haller T. Applying video sensor networks to nearshore environment monitoring[J]. IEEE Pervasive Computing, 2003, 2(4):14–21.

[27] Simonyan K, Zisserman A. Very deep convolutional networks for large–scale image recognition[C]// ICLR 2015, San Diego, CA, USA.

[28] Shi X, Chen Z, Wang H, et al. Convolutional LSTM network: A machine learning approach for precipitation nowcasting[C]//Advances in Neural Information Processing Systems, 2015: 802–810.

面向海洋探测的水下光学图像增强技术

第4章

4.1 水下图像增强技术概况

4.1.1 水下图像增强的必要性

水下计算机视觉是计算机视觉的一个分支领域。近年来，随着水下航行器（ROV、AUV、滑翔机等）的发展，记录和处理大量水下信息的需求变得日益迫切，而图像作为一种高信息密度的载体，自然成为首选的信息记录方式。海洋研究的很多领域都需要从图像获取信息[1]，应用范围从海洋工业的水下结构检查到生物研究鱼类的识别和计数。为此研究人员需要对水下图像进行高清晰度的捕捉，类似的水下工作有人工智能鱼、水下机器人[2]、水下救援、水下光缆检查、水下实时监视和导航等[3-5]。然而，与传统的计算机视觉相比，水下计算机视觉技术仍然处于早期的发展阶段，并面临一系列全新的挑战。一方面，为抵御海水的压力和腐蚀性，水下摄像机设备造价高昂，而且每次水下拍摄在时间和资源上都成本极高。另一方面，水的物理性质使光表现不同，同一物体的外观会随着深度、有机物质、电流、温度等的变化而改变；同时，由于悬浮介质颗粒对光的吸收和散射导致水下图像呈现严重的质量退化和畸变，如清晰度不足、色偏、对比度低和颜色失真[6]，以上问题给水下图像的应用带来较大的困难。为了有效地获得水下场景的信息，使用水下图像增强技术去除图像模糊，消除背景散射，提高图像质量是开展海洋研究的必要工作。

如今，图像识别领域也正处于高速发展期[1, 7]，水下图像的增强与复原工作也不断取得突破[8-9]。为提高水下成像范围，人造光源常被用作辅助光源，然而人造光源在水中传播时，同样会受到吸收和散射的影响[10]，同时引入的非均匀光照，导致拍摄的水下图像中心处具有明亮的光斑，而四周光照不足等质量退化现象[11]。研究者们设计多种专门的硬件平台和摄像机[12-13]，虽然可以提高水下图像的可见性，但是在复杂的水下环境下使用该设备非常昂贵且耗电，而且产生的增强效果不明显；基于偏振的图像增强方法[14]需要在相同场景获取多个角度的水下图像，这对于水下环境来说是非常困难的。虽然这些方法对水下图像增强有一定的效果，但仍存在一些问题有待解决，可能会降低实际应用的可能性。

4.1.2 水下图像成像原理

目前，普遍认为水下图像的形成是介质、光线和场景的复杂交互作用。但早期研究主要考虑来自太阳光的向下辐射，光的吸收和散射机制决定了光在水下传播时的衰减系数。1947—1948 年，Jerlov 及其同事以瑞士海为例，首次系统性地研究了海洋光学物理特性[15]。他们测量了不同水深处的太阳下行辐射度，并建立了光在水下的衰减系数，由此将世界范围内的海分成五种海水和五种沿海类型。1980 年，McGlamery 等[16]提出水下照相机的成像模型可以由计算机模型表征。模型的输入参数是成像系统的几何特性、光源属性，以及水的光学特性，输出图像为直接透射光、散射光以及背景散射光共同作用下的辐照度。图 4–1 简单展示了水下光学成像的基本框架及不同波长光线在水下的衰减。

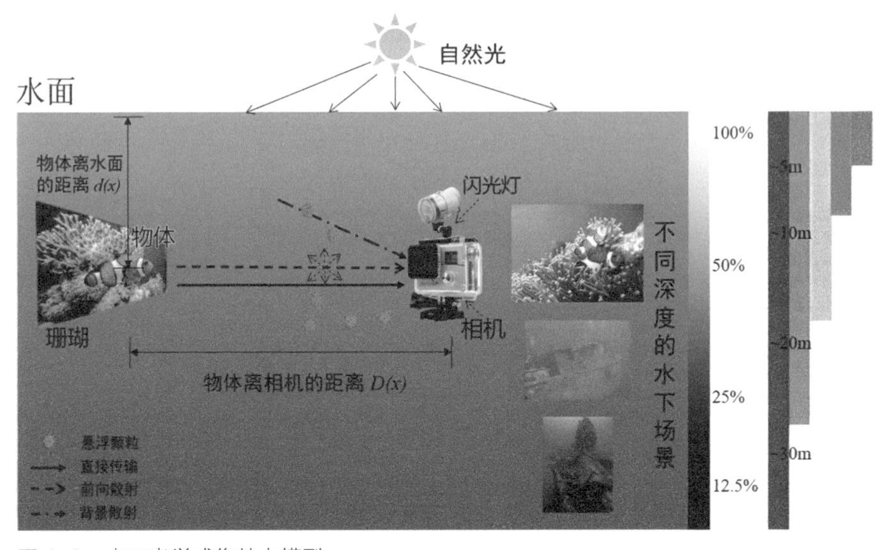

图 4–1 水下光学成像基本模型

然而，对水下复杂成像系统进行全面分析非常困难。由于光在水中的吸收和散射，且不同波长的光线在不同浓度介质中的传播特性，造成了光在物体和相机之间传输的过程以及在其表面发生的散射和吸收就很难去估量。因此，计算机仿真模型通过逼近方法解决这一问题。

从辐射能量的角度考虑，水下成像时除了会接收物体直接反射而来的光信号之外，还会收到前向散射分量和后向散射分量。直接透射光信号量即光线经被摄物体反射后直接进入图像采集设备中的信号能量；前向散射分量是所传输光信号量反射时受到散射后以小角度射入相机的光信号量，而后向散射分量是被摄物体周围环境的光线被水中杂质影响后散射入相机的光信号。但是在实际拍摄场景中，使用人工光源也可能加重后向散射的不良影响。水下图像的成像过程也可简单抽象为以下公式

$$E_T(x,y)=E_d(x,y)+E_f(x,y)+E_b(x,y) \tag{4-1}$$

式中：(x, y) 表示图像中某一个像素的坐标；$E_T(x, y)$、$E_d(x, y)$、$E_f(x, y)$、$E_b(x, y)$ 分别表示相机捕捉到的总信号能量、直接透射光能量、前向散射分量和后向散射分量。

从水下场景中的对象直接传输到相机的光信号量 $E_d(x, y)$ 可以通过几何光学推导

$$E_d(x,y)=E_I(x',y')\cdot\exp(-cR_c)\frac{M(x',y')}{4f}T_l\cdot\cos^4\alpha\cdot\left[\frac{R_c-F_l}{R_c}\right]^2 \tag{4-2}$$

式中：$E_I(x', y')$ 表示场景中坐标点 (x', y') 处的强度；c 为衰减系；数 R_c 为场景中坐标点 (x', y') 到相机的直线距离；函数 $M(x', y')$ 表示场景中坐标点 (x', y') 处物体表面的反射率，其函数值要求小于 1，但对于大部分海洋生物表面的反射函数取值区间都为 [0.02，0.1]；F_l 为相机镜头的焦距，在水下拍摄一般会使用焦距为 50mm 及以下的标准镜头或广角镜头；T_l 为镜头的通光量；f 为使用的光圈值，相机中的光圈控制了进光量，f 数值越小意味着相机可接收到的光线也越多，但景深也会变小，造成在水下难以正确对焦；α 为场景中坐标点 (x', y') 与相机的连线与反射面之间夹角。

前向散射分量可以从直接传输光信号量中的一个点扩散函数卷积来计算，但是散射角度太大会无法求解，前向散射分量 $E_m(x, y)$ 可以表示为

$$E_f(x,y)=E_d(x,y)*\left[\exp(-GR_c)-\exp(-cR_c)\right]\cdot F^{-1}\cdot\exp(-BwR_c) \tag{4-3}$$

式中：G 和 B 都是根据经验所得，并且满足 $|G|<|c|$，命名为经验因子，B 为阻尼系数；w 和 F^{-1} 分别表示辐射频率和傅里叶逆变换；* 表示卷积操作。

后向散射分量在实际应用中是最难求解的一部分。为了利用散射函数计算散射入相机的辐照度，通常建立水下成像模型中与相机感光元件所平行的一个平面构建三维坐标系，然后，将拍摄场景与相机之间的水体分成 M 个小的水体 ΔV，后向散射分量 $E_b(x, y)$ 可以使用体积散射函数加权叠加得到，即

$$E_b(x,y)=E_{b,d}(x,y)+E_{b,d}(x,y)*\left[\exp(-GR_c)-\exp(-cR_c)\right]\cdot F^{-1}\cdot\exp(-BwR_c) \tag{4-4}$$

式中：$E_{b,d}$（x，y）表示后向散射的直接分量，展开如下

$$E_{b,d}(x,y)=\sum_{i=1}^{N}\exp(-cZ_{ci})\cdot\delta(\varphi_b)\cdot E_S(x',y',z')\frac{\pi\Delta Z_i}{4f^2}\cos^3\alpha T_I\left[\frac{Z_{ci}-F_I}{Z_{ci}}\right]^2 \tag{4-5}$$

式中：ΔZ_i 表示ΔV_i 的厚度；Z_{ci} 表示相机感光元件与后向散射板的距离；δ（φ_b）表示体积散射函数；E_s（x'，y'，z'）代表光线在此三维空间坐标系中的辐射度。

4.1.3 简化的水下图像成像模型

在实际水下图像色彩校正、对比度增强等研究中，为降低模型求解的复杂度，通常使用简化的水下图像成像模型[16、17]，其表达式如式（4-6）所示。这种简化模型最早是根据大气场景中的去雾模型推导而来的，并假设场景与相机距离不大，可以忽略前向散射带来的影响，只考虑成像过程中的直接分量和后向散射分量。

$$I_\lambda(x)=J_\lambda(x)\ t_\lambda(x)+B_\lambda\left(1-t_\lambda(x)\right) \tag{4-6}$$

式中：x 代表图像中的某个坐标（i，j）；λ 代表红绿蓝（R–G–B）通道波长；I_λ（x）表示相机捕获的原始水下图像；J_λ（x）表示复原后的清晰图像；J_λ（x）t_λ（x）表示场景能量中直接衰减的部分；t_λ（x）表示 J_λ（x）经过衰减、散射和折射等过程后到达相机的残余能量比率；B_λ 表示均匀背景光。

在水中，t_λ（x）受到光的波长 λ 和场景与相机间传输距离 d（x）的影响，因此 t_λ（x）可以表示成如下关系式

$$t_\lambda(x)=10^{-\beta_\lambda d(x)}=\frac{E_\lambda\left(x,d(x)\right)}{E_\lambda(x,0)}=Nrer(\lambda)^{d(x)} \tag{4-7}$$

式中：B_λ 是介质中与波长相关的衰减系数；E_λ（x，0）是水下场景中初始光能量；E_λ（x，d（x））为从场景出发经过距离 d（x）被传输介质吸收后的光强度；$Nrer$（λ）为标准化残余能量比，代表初始化能量在水中每经过单位距离剩余的能量比，是波长的函数。在 I 类海水（清澈水体）下，$Nrer$（λ）可以被定义为

$$Nrer(\lambda)=\begin{cases}(0.8\sim0.85)\ \lambda=650\sim750\mu\text{m}\ (\text{red})\\(0.93\sim0.97)\ \lambda=490\sim550\mu\text{m}\ (\text{green})\\(0.95\sim0.99)\ \lambda=400\sim490\mu\text{m}\ (\text{blue})\end{cases} \tag{4-8}$$

简化的水下成像模型假设光的衰减系数仅依赖于水的特性，但在实际海洋环境中衰减系数会随传感器、环境光照等因素而变化；此外，简化模型还忽略了后向散射光与直射光具有不同的衰减系数。为此，2018 年 Akkaynak 和 Treibitz [18] 提出了一个修正的水下成像模型，其数学表达式为

$$I_\lambda(x)=J_\lambda(x)\ t_\lambda^D(x)+B_\lambda^\infty\left(1-t_\lambda^D(x)\right) \tag{4-9}$$

$$t_\lambda^D(x)=\mathrm{e}^{-\beta_\lambda^D(V_D)\,z},\quad t_\lambda^B(x)=\mathrm{e}^{-\beta_\lambda^B(V_B)\,z} \tag{4-10}$$

式中：B_λ^∞ 为遮蔽光；B_λ 为光束衰减系数；D 是直接透射光；B 是背景光；B_λ^D 是直接透射光的衰减系数；B_λ^B 是背景光的衰减系数。向量 $V(D)=\{z,\rho,E,S_\lambda,\beta\}$，$V(B)=\{E,S_\lambda,b,\beta\}$ 表示衰减系数的依赖性，其中 z 是沿视线的成像距离，ρ 为反射率，E 为辐照度，S_λ 为相机传感器的光谱响应，b 为散射系数。

虽然修正的水下成像模型更为精确地刻画了水下成像原理，然而，由于其复杂性，大多数传统的水下图像复原方法仍以简化模型为基础进行物理模型参数的估计，大多数基于深度学习的水下图像增强算法也仍然遵循大气散射模型或简化的水下成像模型来合成训练数据和设计网络结构。

水下光学成像的复杂性导致所拍摄的水下图像存在明显的低质问题，如图 4–2 所示。水分子对光的吸收作用具有明显的光谱特性，由于红光在水下的衰减率最大，因此大部分水下图像呈现蓝绿色调。同时，水体中光的散射作用使得光线的传播路径产生复杂变化从而改变光能量在空间和时间的分布。前向散射分散了成像光束的能量，造成水下图像模糊，而后向散射会造成图像对比度低下，产生大量噪声等 [19]。在特别浑浊的水体中，后向散射严重时甚至无法成像。在水下使用人工光源可以获得更好的拍摄效果 [20–21]，但随之而来的问题是，随着对焦点不断远离，后向散射造成的影响也会越发明显，这时可以考虑使用更加专业的图像采集系统，如同步扫描成像系统。

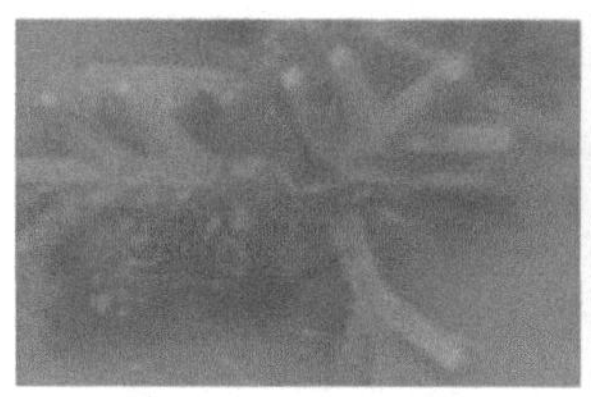

图 4–2　原始水下图像示例

4.2 传统水下图像的增强方法

针对水下图像存在的严重质量损失问题，人们期望通过数字图像处理技术来改善图像的感观质量或者恢复出未退化的高质量水下图像。根据水下图像质量增强的不同思路，水下图像质量增强的方法分为两大类：一是水下图像校正方法，从水下图像的表象特征出发，以改善图像主观感受质量为目标，通过校正图像色彩、对比度等提高图像质量；二是水下图像复原方法，根据水下图像成像机理建立图像的退化模型，以求解客观模型参数为目标，并通过反演复原出高质量的水下图像。

在早期的水下图像增强研究中，研究者们经常将传统的户外图像增强方法直接用于水下图像。基于校正的传统图像增强算法主要分为两大类：空域法和变换域法。水下图像往往具有较低的对比度和动态范围，基于 RGB 颜色空间或者灰度空间的空域法以灰度映射为基础扩大灰度层级，实现强度变换、重新分布直方图范围，增强水下图像的视觉效果。常用的对比度增强方法包括：直方图均衡化（histogram equalization，HE）[22]、限制对比度直方图均衡化（contrast limited adaptive histogram equalization，CLAHE）[23]、伽马校正（gamma correction）和广义反锐化掩膜算法（generalized unsharp masking，GUM）[24]等。颜色校正方法包括：灰度世界假设（gray-world assumption，GWA）、白平衡（white balancing，WB）[25]和灰度边缘假设（gray-edge assumption，GEA）[26]等。由于水下环境与陆地环境存在很大差异，水下图像的能量过低、对比度低、边缘特征不明显、不满足灰度边缘假设条件等，直接将这些空间域图像增强方法用于水下图像，盲目的像素重分布会给原始图像中引入严重的伪影和光晕、放大图像内部噪声，甚至造成图像失真等严重问题。

在频域空间中，高频分量通常对应图像中像素值变化较大的边缘区域，然而低频分量表示图像中平坦的背景区域，模糊水下图像存在边缘区域的高频分量过低、背景区域的低频分量过高等问题。变换域法利用傅里叶变换（Fourier transform，FT）或小波变换（wavelet transform，WT）将 RGB 空间域转换到另一个空间域，通过放大高频分量抑制低频分量提高图像的可见性。近年来，小波变换用于水下图像增强并在去除水下图像噪声方面取得比较好的效果[9, 27]。由于水下图像受到光线的前向散射、背景散射、光吸收和水下噪声的干扰，单纯地依靠变换域方法无法彻底解决水下图像衰退等问题。

水下图像复原方法主要考虑水下图像成像的成像机制并建立有效的水下图像退化模型，通过物理模型和先验知识推导复原参数，最终反演出复原后图像。基于简化的水下图像成像模型进行图像复原的关键在于如何正确地估计模型中的两个参数：背景光和透射率。这两个参数的估计通常基于一些假设和先验，例如基于经典的暗通道先验（dark channel prior，DCP）[28]及其变体：水下暗通道先验 UDCP[29]、红色通道先验（red channel prior，RCP）[30]、最大强度先验（maximum intensity prior，MIP）[31]、场景模糊先验（blurriness prior，BP）[32]等。

以下内容针对几种典型的水下图像校正增强方法和水下图像复原增强方法进行详细阐述。

4.2.1　直方图均衡化增强算法

4.2.1.1　限制对比度自适应直方图均衡

在水下图像增强中，最为简单有效的算法之一是限制对比度自适应直方图均衡化 CLAHE。要理解 CLAHE 算法，首先要了解图像直方图和直方图均衡化（histogram equalization，HE）的基本概念。

图像直方图概念：灰度级范围为［0，L–1］的数字图像的直方图可以表示为离散函数 $h(r_k)=n_k$，其中 r_k 是第 k 级灰度值，n_k 是图像中灰度为 r_k 的像素个数。对于一个空间分辨率为 $M \times N$ 的图像，归一化后的直方图由 $p(r_k)=\dfrac{n_k}{MN}$ 给出，其中 k=0，1，…，L–1。简单来说，$p(r_k)$ 是灰度级 r_k 在图像中出现的概率的一个估计。归一化直方图的所有分量之和应等于 1。

根据对直方图的观察人们发现，暗图像中直方图的分量集中分布在灰度级的低端；亮图像直方图的分布则在灰度级的高端；低对比度图像具有较窄的直方图，且集中于灰度级的中部；高对比度图像的直方图分量则覆盖了很宽的灰度级范围。因此，直方图均衡化 HE 的基本思想是，利用图像的累积分布函数（cumulative distribution function，CDF）作为变换函数，通过适当缩放纵坐标以达到均衡性，即经过处理的图像的直方图在密度上近似均匀，从而丰富图像的灰度细节，增加灰度级的动态范围，达到增强图像整体对比度的效果。

HE 是一种广泛应用的非线性变换，其基本步骤如下：

（1）统计图像中每个灰度级出现的次数 n_k，计算图像中每个灰度级 r_k 出现的概率 $p_r(r_k)$。

（2）根据直方图均衡化的变换函数计算概率累加值，即

$$s_k=(L-1)\sum_{j=0}^{k}p_r(r_j)=\frac{L-1}{MN}\sum_{j=0}^{k}n_j,\ k=0,1,2,\cdots,L-1 \quad (4\text{-}11)$$

（3）将输入图像灰度级为 r_k 的各像素映射到输出图像灰度级为 s_k 的对应像素。

（4）输出映射后的图像。

由于 HE 是全局操作，对于图像局部区域存在过亮或者过暗时效果欠佳，且会增强背景噪声。针对这一问题，CLAHE 算法通过局部直方图均衡化处理进行了优化。具体过程如下：

（1）将原始图像进行分块处理，一般采用 8×8 的块。

（2）对每个图像块进行常规 HE 处理。为避免噪声影响，在进行直方图映射前增加了对比度限制操作，即将概率超过一定阈值的灰度级像素裁剪，并平均分摊给其他所有像素。

（3）采用双线性插值去除分块边界的伪影。

4.2.1.2 直方图滑动拉伸

2007 年，Iqbal 等[33]提出一种整合图像模型（ICM）水下图像增强方法，该方法利用直方图滑动拉伸依次在 RGB 颜色模型和 HSI 颜色模型进行颜色、饱和度和亮度的均衡化，提高图像的对比度和可见度，快速地获得视觉效果较好的水下图像。该方法的具体过程如下：

（1）在 RGB 色彩空间中采用直方图拉伸函数将 R 通道和 G 通道像素值的取值范围拉伸至与 B 通道像素值取值范围相同。其目的是使拉伸后图像的每个通道都有相似的直方图分布。

（2）将拉伸后的 RGB 图像转换到 HIS 色彩空间。在 HIS 空间，采用直方图拉伸函数拉伸饱和度（saturation，S）和亮度（intensity，I）两个分量的动态范围，将 S 和 I 两个通道的取值范围都拉伸至［0，255］。

直方图滑动拉伸函数表示为

$$p_o=(p_i-i_{\min})\left(\frac{O_{\max}-O_{\min}}{i_{\max}-i_{\min}}\right)+O_{\min} \quad (4\text{-}12)$$

式中：p_i 和 p_o 分别表示输入输出像素值；$i_{\min}$、$i_{\max}$、$O_{\min}$、$O_{\max}$ 分别表示输入图像和目标图像的最小值和最大值。在全局拉伸中，$O_{\min}$、$O_{\max}$ 分别设定成期望最小值 0 和最大值 255。该方法依次在两个颜色模型进行均衡化，去除水下图像的颜色偏差，提高图像的对比度。

Iqbal 等[34]对 ICM 方法进行了优化，基于 Von Kries hypothesis（VKH）假设进行颜色修正，结合选择性直方图拉伸的对比度优化，提出非监督水下图像增强算法（unsupervised colour correction method，UCM）。ICM 和 UCM 是简单有效的水下图像增强方法，能够解决全局直方图拉伸可能导致的色彩过度校正问题，但是也易放大噪声、引入伪影。

针对盲目地使用滑动拉伸方法调整不同分量的直方图分布，造成水下图像过增强、噪声放大和细节信息丢失等问题，Huang 等[35]提出在不同颜色模型下相对全局直方图拉伸（relative global histogram stretching，RGHS）的水下图像增强方法。首先，在 RGB 颜色模型将图像的三个通道分离，基于 Gray-World 理论对 GB 通道进行颜色均衡化预处理；然后，根据 RGB 通道的直方图分布特性及不同颜色光线在水下传播时的选择性衰减特性动态估计期望的拉伸区间，再依据图像直方图拉伸前的分布范围和拉伸后期望范围确定直方图自适应拉伸方法，并利用导向滤波器降噪；最后，将图像转换到 CIE-Lab 颜色模型，分别对 L 亮度分量和 a、b 色彩分量进行归一化处理和自适应调整。该方法避免基于像素值重分布的盲目增强，而是根据水下图像的分布特性提高图像视觉效果，保留有效的信息。

4.2.1.3　基于瑞利分布的直方图拉伸

2014 年，Ghani 等[36]对 ICM 模型进行改进，提出了一种基于瑞利分布（Rayleigh distribution，RD）并合成双强度图像的增强方法。该方法将图像在 RGB 和 HSV 色彩空间的动态范围分别进行拉伸，使其符合瑞利分布，最终合并两个图像输出呈现钟形分布的水下图像。

瑞利分布常用于描述平坦衰落信号接收包络或独立多径分量接收包络统计时变特性的一种分布类型。当一个随机二维向量的两个分量呈独立的、有着相同方差的正态分布时，这个向量的模呈瑞利分布。该分布的 PDF 函数如下

$$PDF_{RL}=\left(\frac{x}{\sigma^2}\right)e^{\left(-\frac{x^2}{2\sigma^2}\right)},\quad x\geqslant 0,\sigma>0 \tag{4-13}$$

式中：x 表示输入信号；σ 表示方差。

基于瑞利分布的直方图拉伸公式如下

$$\text{Stretched}-\text{Rayleigh}=\frac{255(P_i-i_{\min})}{\sigma^2(i_{\max}-i_{\min})}e^{\frac{-[255(P_i-i_{\min})]^2}{\sigma^2(i_{\max}-i_{\min})}} \tag{4-14}$$

具体过程如下：

（1）基于改进的 Von Kries 假说（该假说反映了图像强度和人类视觉敏感度之间的联系）对原始图像进行颜色纠正。首先将水下图像分离成 RGB 通道，然后分别计算三个通道像素的平均值；以三个通道中的 G 通道平均值作为参考值并修正其他两个通道的像素值。经过乘法器变换后，每个通道都有平衡的强度。

（2）全局直方图拉伸。为了重分布图像中像素范围，使用全局直方图拉伸将直方图拉伸到整个动态区间。

（3）基于 RD 的直方图滑动拉伸与合成。依据每个通道的平均值将对应通道的直方图切为两部分，然后依据瑞利分布将两个区间滑动拉伸到整个动态区间［0，255］，最后，平均化叠加拉伸前后 RGB 通道的直方图获得合成图像。

（4）在 HSV 颜色模型中滑动拉伸亮度和色彩分量的动态范围。使用全局直方图拉伸分别对饱和度和亮度两个分量进行拉伸，并控制整个拉伸区间为整个直方图的 1% ~ 99%，其余像素分别设定为最小值和最大值。定性和定量分析表明该方法成功地提高了对比度，增加了细节，降低了水下图像的噪声。

4.2.2 基于融合的水下图像增强方法

2012 年，Ancuti 等[37]提出一种基于多尺度融合原理的水下图像 / 视频增强方法 Fusion。具体过程如下：

1）原水下图像预处理

首先对原水下图像进行白平衡处理，白平衡处理采用基于改进的灰色世界原理进行初步校正，得到第一个输入图；然后，在此基础上依次采用双边滤波和亮通道自适应直方图均衡化（CLAHE）对图像去噪和对比度增强，得到第二个输入图；最后，将预处理获得的两个输入图像作为融合分量带入后续的融合过程。

（1）输入图一。常规的白平衡处理可以通过丢弃不需要的颜色投射来增强图像的外观，从而改善由不均匀亮度造成的色偏。但在超过 30ft 的水下，光吸收导致的颜色偏差很难恢复，白平衡效果受到明显的影响。此外，由于水下光照不足导致图像呈现出严重的对比度不足。因此采用改进的灰度世界实现快速的亮度估计，公式如下

$$\mu_I = 0.5 + \lambda\mu_{ref} \tag{4-15}$$

式中：μ_I 用来估计亮度；μ_{ref} 是场景平均亮度，参数 $\lambda=0.2$ 时实验效果较好。μ_{ref} 可以由闵可夫斯基范数（Minkowski-norm）$p=1$ 计算得到。

（2）输入图二。对于中心像素点 s，其 Ω 邻域中的点 p，进行时间双边滤波（temporal bilateral filter）计算公式如下

$$J_s = \frac{1}{k(s)}\sum_{p\in\Omega} f(p-s,\sigma_f)g\left(D(p,s),\sigma_g\right)I_p \tag{4-16}$$

$$D(p,s) = \sum_{x}^{\psi}\sum_{y}^{\psi}\Gamma(x,y)(I_p - I_s)^2 \tag{4-17}$$

式中：f 是标准差为 σ_f 的高斯核；g 是标准差为 σ_g 的高斯核；D（p，s）计算 s 和 p 的小空间邻域 ψ 的差值平方和（SSD）；Γ（x，y）表示高斯权重。这种方法能够有效缓解双边滤波时噪声和边缘像素难以区分的问题。

2）定义四个融合权重

包括拉普拉斯对比度权重（Laplacian contrast weight，W_L）、局部对比度权重（local contrast weight，W_{LC}）、显著性权重（saliency weight，W_S）和曝光度权重（exposedness weight，W_E），各权重在融合过程中起到关键作用。

W_L 针对全局对比度进行处理。对每个输入图像的亮度通道进行拉普拉斯滤波，然后计算滤波结果的绝对值。由于拉普拉斯滤波能够强化边缘和纹理，所以该权重能够应用于色调映射和扩展景深。W_{LC} 包含每个像素与其邻域均值的关系，主要对第二个输入的高亮和阴影部分进行转化。W_S 主要是为了强调在水下场景中失去显著性的可区分目标。W_E 评估像素的曝光程度，用来保持局部对比的恒定外观，在理想情况下既不会过分夸大也不会过分低估。

3）多尺度的图像融合

通过实验结果发现，基于线性融合的增强图像容易产生伪影和色晕，为了克服上述问题，使用多尺度融合策略将四个融合权重对应版本的输入图像分解为相同层数的高斯金字塔（Gaussian pyramid）和拉普拉斯金字塔（Laplacian pyramid），最后将各层的融合结果叠加得到增强图像 J。

$$J^l(x,y) = \sum_{k=1}^{K} G^l\left\{\bar{W}^k(x,y)\right\} L^l\left\{I^k(x,y)\right\} \tag{4-18}$$

式中：I^k 表示输入图像（k 的最大取值 $K=2$，表示两个输入图）；$\bar{W}$ 表示归一化的权重图；l 表示金字塔的层数；$L\{\ \}$ 表示拉普拉斯变换；$G\{\ \}$ 表示高斯变换。

该方法通过多尺度融合，不仅增强了水下图像的对比度、去除色偏，而且克服了线性融合策略易产生伪影和色晕等缺点，达到了良好的增强效果。

4.2.3 Retinex 增强算法

Retinex 是由 retina（视网膜）和 cotex（皮层）组成的一个合成词。1963 年 E. Land[38] 提出了 Retinex 理论，认为人类视觉的亮度和颜色感知的模型是一种颜色恒常知觉。

Retinex 模型的理论基础是三色理论和颜色恒常性，即物体的颜色是由物体对长波（红）、中波（绿）和短波（蓝）光线的反射能力决定的，而不是由反射光强度决定的，并且物体的色彩不受光照非均匀性影响，具有一致性。根据 Retinex 理论，由相机等捕获的图像只取决于入射光和物体表面对入射光的反射（图 4–3），可以建模为式（4–19）。

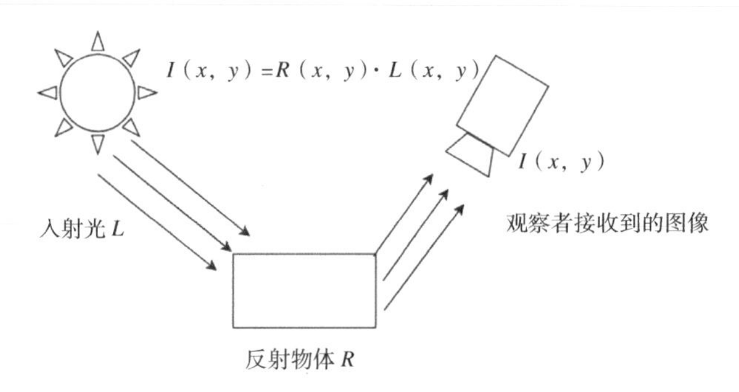

图 4–3　光线反射图

$$I(x,y)=R(x,y)\cdot L(x,y) \tag{4–19}$$

式中：$I(x, y)$ 代表被观察者或相机接收到的图像信号；$L(x, y)$ 代表环境光的照射分量；$R(x, y)$ 表示携带图像细节的目标物体的反射分量。将该理论用于水下图像增强时，$I(x, y)$ 为原始水下图像，$R(x, y)$ 为增强后的图像。

将该式子两边取对数，可以得到物体原本的信息，即

$$\log\left[R(x,y)\right]=\log\left[I(x,y)\right]-\log\left[L(x,y)\right] \tag{4–20}$$

通过模仿人类视觉系统特性，Retinex 图像增强算法得到了长远发展。经典的模型包括：单尺度 Retinex 算法（single scale retinex，SSR）、改进成多尺度加权平均的 Retinex 算法（multi-scale retinex，MSR），以及带彩色恢复的多尺度 Retinex 算法（multi-scale retinex with color restoration，MSRCR）[39] 等。

SSR 算法思路非常简单，具体如下：

（1）对输入原始图像 $I(x, y)$ 进行高斯滤波，得到照射分量 $L(x, y)$，即

$$\log[L(x,y)]=\log[F(x,y)*I(x,y)] \tag{4-21}$$

式中：$F(x, y)$ 是高斯函数 $\mathcal{N}(0, \sigma^2)$；* 表示卷积。

（2）根据式（4–20），计算出 $\log|R(x, y)|$。

（3）将得到的结果量化为［0，255］范围的像素值，输出增强后的图像。

MSRCR 算法既考虑了多个尺度的图像动态范围压缩，以保持色感的一致性，同时又考虑了噪声的响应，加入色彩恢复因子 C 来调节由于图像局部区域对比度增强而导致颜色失真的缺陷。计算公式如下

$$\log[R_{MSR}(x,y)]=\sum_{i=1}^{n}\lambda_i\{\log[I(x,y)]-\log[L(x,y)]\} \tag{4-22}$$

$$\log[R_{MSRCR}(x,y)]=C_k(x,y)\times R_{MSR}(x,y) \tag{4-23}$$

$$C_k(x,y)=\Gamma\left[\frac{I_k(x,y)}{\sum_{k=1}^{3}I_k(x,y)}\right] \tag{4-24}$$

式中：n 表示尺度数量，通常为 3；λ_i 表示不同尺度的权重，且 $\sum_{i=1}^{n}\lambda_i=1$；$C_k$ 为色彩恢复因子，k 表示通道，通常为 RGB 三通道。

4.2.4　基于暗通道先验的水下图像复原方法

通过分析水下图像在水下环境中的成像原理及失真原因建立水下图像成像模型（image formation model，IFM），如式（4–6）所示。因此基于 IFM 的图像复原方法需要估计物理模型中的两个重要参数：背景光（background light，BL）和透射率（transmission maps，TMs），最后，将估计的光学参数代入 IFM 中反演获得复原图像。图像复原算法的目标是在保持良好的色彩复原性能的同时，获得具有良好可视性的自然、清晰的图像。本节首先介绍一种基于 DCP 的图像去雾算法，由于水下环境和户外大雾天气相似，DCP 被广泛地应用在水下图像复原，然后介绍多种基于改进 DCP 的水下图像复原方法。

4.2.4.1　暗通道先验

暗通道先验（DCP）是统计先验，它是基于清晰的户外图像（去除天空区域）在正方形局部块中存在明显的较小值（趋向于 0），该假设在 2009 年

首次被提出，并在 2011 年得到扩展[28]。暗通道中的低强度主要是由以下三个因素引起：

（1）阴影。例如，城市景观图像中汽车、建筑物和窗户内侧的阴影，或景观图像中树叶、树木和岩石的阴影。

（2）彩色物体或表面。例如，任何颜色通道中缺少该颜色的对象（例如，绿草 / 树木 / 植物，红色或黄色的花 / 叶和蓝色的水面）将导致暗通道中的低值。

（3）深色对象或表面。例如黑色的树干和石头。

算法流程如下：

（1）DCP。该先验性认为在大多数不包含天空的户外图像中至少存在一个通道的局部区域有很低的像素值（75% 像素为 0 和 90% 像素小于 25）。DCP 是单幅图像去雾的重大突破，其公式表达如下

$$J_{dark}^{rgb}(x)=\min_{y\in\Omega(x)}\left\{\min_{c\in\{r,g,b\}}J^{c}(y)\right\}=0 \tag{4-25}$$

式中：x 和 $\Omega(x)$ 分别表示图像中的某个像素和以 x 为中心的局部块；$J^{c}(y)$ 是清晰户外图像的某一个通道，c 表示红绿蓝通道。DCP 认为 $J_{dark}^{rgb}(x)$ 中大部分估计值都小于 25 并且近似等于 0。

（2）透射率估计。将最小滤波器使用在式（4–25）的两边，并且在两边都除以 B^{c}，这时可以获得以下公式

$$\min_{y\in\Omega(x)}\left\{\min_{c}\frac{I^{c}(y)}{B^{c}}\right\}=\min_{y\in\Omega(x)}\left\{\min_{c}\frac{J^{c}(y)}{B^{c}}t^{c}(y)\right\}+1-\tilde{t}(x) \tag{4-26}$$

然后，将式（4–25）代入式（4–26）中获得透射率 $\tilde{t}(x)$，即

$$\tilde{t}(x)=1-\min_{c}\left(\min_{y\in\Omega(x)}\frac{I^{c}(y)}{B^{c}}\right) \tag{4-27}$$

（3）背景光估计。模糊图像的暗通道近似于雾气程度，因此，可以利用暗通道来检测最模糊不透明的区域，提高背景光的估计。浅海中，水下成像的背景光来源为大气光，即入射进海水中的太阳光。为了克服直接选择原始图像中最亮的像素作为大气光带来的问题，通常选择暗通道图中最亮的 0.1% 像素作为大气光候选区域，然后从这些像素集中选择对应于原始图像中最大强度的像素作为最终的大气光。

在建立的成像模型基础上将上述估计的两个参数代入模型中反演出复原图像。多种实验证明该方法可以应用于多个模糊图像去雾，还可以获得高质量的深度地图。该先验仍然存在局限性，当场景物体与大气光相似并且没有

被阴影投射时 DCP 就会失效。

4.2.4.2　基于波长补偿和去雾的水下图像复原

2012 年，Chiang 等[19]使用 DCP 获得透射率，并认为光学成像模型中的衰减系数是已知的，然后依据图像信息获得水的深度，弥补成像过程中的衰减，完成水下图像复原。具体方法如下：

（1）构建水下成像模型。虽然水下成像模型同大气成像模型具有相似性，不同于光线在大气中传播，光线在水中传播时不同频率的光线具有不同的衰减程度，形成一种独特的光线选择性衰减特性。因此构建了透射率与传播距离的指数模型，RGB 通道的 TM 同光线的传播距离有关，传播距离越远 TM 就越小。

（2）修正水下成像模型。考虑图像在水下成像过程中经历了各种衰减，包括自然光线从水面传播到不同深度的水下场景、光线从水下场景到相机间的水平传输和人造光源传播到水下场景并传输到相机，将水下成像模型进一步修正为

$$I_\lambda(x)=\left(\left(\left(E_\lambda^A(x)\cdot Nrer(\lambda)^{D(x)}+E_\lambda^L\cdot Nrer(\lambda)^{d(x)}\right)\cdot\rho_\lambda(x)\right)\right)\cdot Nrer(\lambda)^{d(x)}+\left(1-Nrer(\lambda)^{d(x)}\right)\cdot B_\lambda \tag{4-28}$$

式中：E_λ^A 和 E_λ^L 分别表示太阳光源和人造光源；$D(x)$ 和 $d(x)$ 分别表示水面到水下场景的深度和水下场景到相机的距离；ρ_λ 代表场景的反射率。其中，$E_\lambda^A(x)\cdot\rho_\lambda(x)$ 表示场景对太阳光的直接反射结果，是希望获得的未经过任何衰减的清晰图像。

（3）水下图像复原。在重构的水下图像成像模型的基础上结合 DCP 分别估计上述模型的未知分量，进而反演复原去雾图像（image dehazing，ID）。首先，利用暗通道先验原理和 BL 估计方法获得水下场景到镜头之间的距离 $d(x)$，然后依据距离 $d(x)$ 分离图像中的前景和背景。利用最小均方误差来判断图像中是否存在人造光源，然后去除人造光源的影响。最后，根据 RGB 通道对应的背景光存在的衰减情况进一步估计水面到水下场景的深度，利用标准残余能量比 $Nrer(\lambda)$ 实现波长补偿（wavelength compensation，WC）。

该方法不但可以处理水下图像的光线散射和颜色衰减的问题，而且可能正确地复原存在人工照明的区域，但是复原的结果往往呈现偏蓝色。由于很难建立具有鲁棒性的水下成像环境，进一步造成复原图像的色彩丢失。

4.2.4.3 基于水下暗通道先验的水下图像复原

针对 DCP 直接应用于水下场景图像复原的不适用性，2013 年，Drews 等[29]提出一种改进的暗通道先验方法，称为水下暗通道先验（underwater DCP，UDCP）。该方法考虑到水下图像中红色通道的像素值通常非常小，因此仅在蓝绿（GB）通道上应用 DCP 假设。将 GB 通道的暗通道作为水下暗通道先验，即 $J_{dark}^{gb}=0$，在水下暗通道图中选择最亮的像素并估计对应于原始图像中的像素点作为背景点，然后将水下暗通道先验直接用在 TM 估计，将两个参数带入成像模型中反演出复原图像。

DCP 和 UDCP 方法可能忽略了不同光线在水中传播时不同通道的波长独立性，一旦直接应用于水下图像复原时会产生一些问题。UDCP 的方法将 GB 通道的暗通道作为水下暗通道先验，即 $J_{dark}^{gb}=0$，并将此结论应用于水下图像复原。

在 DCP 方法中，何凯明的统计结论是大约 75% 的像素值为 0，大约 90% 的像素低于 25，因此可以假定 J_{dark}=0。但是，Song 等[40]的研究发现基于 GB 暗通道的累积分布并未呈现大量暗通道像素为 0 的情况，在 RGB 暗通道的像素值累积分布中，取值为 0、(1，15)、(16，47) 的分布概率分别为 40%、20% 和 20%。根据高质量水下图像的统计结果，水下图像暗通道中低于 25 的像素值大约占到 80%，基本符合暗通道先验的要求，因此归一化处理后，改进的暗通道先验 $J_{dark}^{rgb}=0.1$ 更加符合水下图像分布特性。Song 等[40]基于该水下暗通道先验获得更准确的透射率估计。

4.2.5 传统方法效果对比

图 4-4 对比了不同类型的水下图像经过多种水下图像增强、复原方法后的处理结果。

在图 4-4 前两行图像中，由于原始图像的蓝绿色分量偏多，直接采用 DCP[28]的输出结果和原始图像几乎没有变化，说明何凯明提出的适用于户外图像去雾的 DCP 不能成功地复原水下图像甚至降低图像的可视性。UDCP[29]可以避免少量红色通道信息的影响，不但去除蓝绿色偏差而且提高红色分量的亮度，最后可以获得相对清晰的水下图像。在最后三行图像中，由于复原方法存在一些实际问题，例如水下图像成像模型的复杂性和先验知识的可靠性，因此基于 DCP、UDCP 的水下图像复原方法都不能平衡水下图像的颜色，提高水下图像的对比度，甚至降低原始图像的可视度。

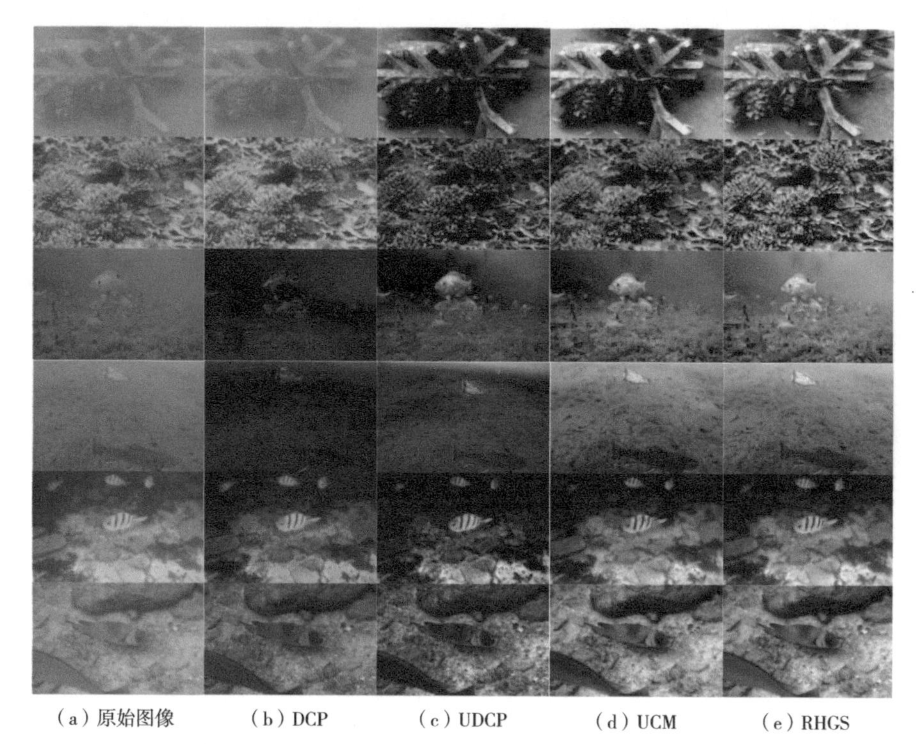

图 4-4　传统水下图像增强方法效果对比

UCM[34]通过在两种颜色模型均衡化，有效地增强了水下图像的色度和对比度，但是会引入人为噪声或伪影（如图 4-4 第五行鱼身上的黑色斑点）。RHGS[35]增强后的水下图像可以获得更好的对比度和平衡的饱和度，并有效克服了 UCM 方法的缺点，在浅海图像增强上获得较好的效果。

4.3　基于深度学习的水下图像增强方法

随着近年来计算机算力的不断提升，深度学习方法可以很好地应用于水下图像增强。区别于传统的水下图像增强，基于深度学习的水下图像增强往往需要大规模的有标签数据集进行训练或评价增强效果，然而高质量无失真的水下图像无法直接获取。为此，一些研究人员开展了水下图像数据集构建研究。2018 年，Anwar 等[41]为了合成深度学习模型的训练集，使用不同的衰减系数来描述不同类型的海洋和海岸类别；利用纽约大学建立的具有深度信息的室内数据集，结合水下图像的光学成像原理和光在水中传播时呈现指数衰减原理建立了10种不同类型的水下图像数据集。2019年，Li等[42]搜集了950张不同场景、不同衰减程度、不同水域的真实水下图像，利用12种图像增强方法产生潜在的增强图像，通过人工筛选和专家验证对增强之后的图像进行筛选和评估，最终获得一个基准水下数据集（UIEB）。2020年，Islam等[43]构建了EUVP数据集利用7个不同的摄像机，包括多个GoPro、uEye摄像机、弱光USB摄像机和高清摄像机，包含了不同位置、不同能见度条件下的水下图像。此外，该数据集中还包括一些从公开视频中提取和挑选的图像，以保证数据体现自然变化的多样性（例如场景、水体类型、光照条件等）。作者从主观上检查了图像的色彩、对比度和清晰度等属性，并考虑了场景是否具有视觉上的可解释性，最后获得8 000张非成对的水下图像数据集。同时，严格按照文献中描述的数据集制作流程，最终获得12 000张图像质量较好和较差的成对水下图像数据集。

在数据集构建的基础上，大量基于深度学习的水下图像增强方法得到发展。目前基于深度学习的水下图像增强方法大体上可以分为基于卷积神经网络（CNN）的方法和基于生成对抗网络（generative adversarial networks，GAN）的方法。

4.3.1 基于CNN的水下图像增强方法

CNN可以处理很多低清晰度的图像任务，包括去模糊、图像去雨化、图像去噪、低亮度图像增强和图像去雾等。2017年，Perez等[44]将CNN用于水下图像增强方法，该方法使用成对的退化图像和清晰图像去训练端到端网络模型，使网络模型可以将输入的退化图像增强。同期，Wang等[45]还提出了一种端到端基于CNN的水下图像增强框架，称为UIE-net（水下图像增强网络），用于色彩校正和去雾。UIE-net采用像素破坏策略提取图像局部斑块的固有特征，大大加快了模型收敛速度并且提高了精度。2019年，Sun等[46]提出了一个深度像素到像素网络模型，通过设计一个编码解码框架。它使用卷积层作为编码来过滤噪声，而使用反卷积层作为解码来恢复丢失的细节并逐像素细化图像。此外，该模型选择跳过部分卷积层是为了避免部分低级别特征的丢失，还可以加快训练速度。此方法基于自适应数据驱动的方式实现了不用考虑复杂的水下物理环境进行水下图像增强。Li等[42]利用构建的水下数据集UIEB训练了WaterNet网络，该网络利用白平衡、直方图均衡化、伽马校正对原始图像进行修正，并与原始图像一起作为网络输入；网络以 U–Net 为骨干网络，采用门控融合网络架构学习三个置信图，用于输入图像融合增强，以改善图像的色彩偏移、提高对比度和改善不均匀光照，提高水下图像质量。2020 年，Li 等[47]基于前期工作中由室内环境合成的水下图像数据集[41]，提出一种基于水下场景先验的水下图像增强卷积神经网络模型（UWCNN），该方法无须估计水下成像模型的参数，而是直接重建清晰的潜在水下图像。更重要的是，该方法基于轻量级网络结构和有效训练数据，UWCNN 模型可以轻松扩展到水下视频，用于逐帧增强。

4.3.2　基于 GAN 的水下图像增强方法

2014 年，Goodfellow 等[48]提出了一种通过对抗训练来评估生成模型的新框架——生成对抗网络。GAN 的提出受到二人零和博弈（即参与博弈的两人利益之和为零，一方的利益是另一方的损失）的启发，这个模型包含一个生成器（generator）和一个判别器（discriminator）。生成器负责捕捉真实数据样本的分布并生成新的数据分布，而判别器则是一个二分器，判别输入数据是来自真实数据还是来自生成器。通过对抗学习的方式进行训练，目的是估测数据样本的潜在分布并生成新的数据样本。GAN 的优化是“极小极大博弈”问题，使生成器生成的数据分布尽最大可能接近真实数据分布，从而“迷惑”判别器。

它的出现为解决工程和数学领域中高维度概率密度分布中采样和训练的问题提供了很大的帮助，迅速成为人工智能学界一个热门的研究方向。这使得 GAN 在各个领域得到迅速的发展，被广泛应用于各个算法、模型和神经网络中，从朴素贝叶斯到深度信念网络，再到高斯混合模型、隐马尔可夫模型、潜在狄利克雷分配和受限玻尔兹曼机等。

一个基本的 GAN 模型结构如图 4–5 所示。在一个 GAN 中，有一个生成器 G 和一个判别器 D。G 的输入一般为服从正态分布的随机噪声 z，它的输出为 $G(z)$；D 的输入为真实数据 x 和生成的数据 $G(z)$，它的输出为数

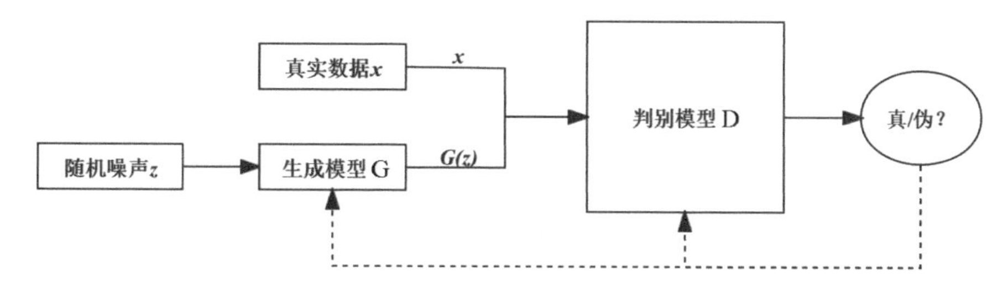

图 4–5　生成对抗网络结构

据的真伪，此处分别用 1 和 0 表示。G 的训练目标是生成的 $G(z)$ 尽可能服从真实数据 x 的分布，使 D 无法分辨 x 和 $G(z)$；D 的训练目标是能够尽可能地分辨出 x 和 $G(z)$。

使用生成对抗网络可以利用不同域的数据进行风格转换，从而在无人监督的管道中生成逼真的水下图像。

Li 等[49]提出 WaterGAN 从空气中图像和深度图生成合成的真实世界图像，然后将原始水下和空中真彩色以及深度数据用于提供两阶段深度学习网络以进行校正色彩的水下图像。与 WaterGAN 类似，Fabbri 等[50]使用 CycleGAN 根据无失真的水下图像生成质量差、分辨率较低的模糊水下图像，然后利用成对的水下图像训练基于像素到像素网络的 UGAN 网络，实现由模糊水下图像向清晰高分辨率图像的转换。

为了减轻对成对的水下图像进行网络训练的需求，并允许使用未知的水下图像，Li 等[51]提出了一种弱监督的水下色彩校正模型，该模型主要由对抗性网络和包括对抗性损失、循环一致性损失[52]和结构相似性度量损失（SSIM）在内的多项损失函数组成。该方法可以保持输入的水下图像的内容和结构，还可以纠正其颜色失真。2019 年，Yu 等[53]提出了以 Wasserstein GAN 和梯度惩罚项为骨架网络的 Underwater-GAN，将损失函数设计为生成对抗网络损失和感知损失之和，并使用卷积 PatchGAN 分类器作为判别器以学习水下图像的结构损失。2020 年，Islam 等[43]提出基于条件生成对抗网络的实时水下图像增强模型 FunieGAN，根据图像的整体内容、颜色、局部纹理和样式信息来评估感知图像的质量并制定了目标函数，用于监督对抗训练。此方法还适用于视觉引导的水下机器人在自治管道中进行实时预处理。

4.3.3 深度学习方法效果对比

从两类基于深度学习的水下图像增强方法中各选择了一个代表性方法：WaterNet[42]和 FunieGAN[43]，对比了两个方法的水下图像增强效果，并将它们与基于融合的传统增强方法 Fusion 进行了对比，如图 4-6 所示。

基于 CNN 网络的 WaterNet 增强之后的图像色调上表现比较一致，视觉上表现较自然，但并不能完全解决细节模糊问题。基于 GAN 网络的 FunieGAN 在处理图像偏色问题时，可能会引入新的色偏（如偏黄色）；此外，FunieGAN 在图像平滑纹理处增强时会产生不可预知的纹理模式（如条纹或格状纹理），这可能与 GAN 的生成机制有关。从主观感受来看，Fusion 方法

图 4-6　深度学习方法效果对比

的增强效果最佳，在对比度、亮度、锐度方面都有很大的提高，但部分图像增强之后存在边缘过于突出的问题。以上对比可见，基于深度学习的方法不一定优于传统增强方法。

4.4　水下图像增强技术及其应用案例

4.4.1　案例 1——基于双生成器 GAN 的水下图像增强

传统水下图像增强和基于深度学习的水下图像增强方法各有优缺点。本节介绍一种结合两类方法优点的水下图像增强方法：基于双生成器 GAN 的水下图像质量增强方法。网络框架如图 4–7 所示，该方法包括三部分：首先，结合水下图像的光学成像模型，利用水下光衰减先验（underwater light attenuation prior，ULAP）[54] 估计失真图像的暗通道和大气光，对失真图像进行恢复，同时利用伽马校正（GC）提升图像亮度，解决水下图像存在的不均匀光照问题；其次，利用双生成器进行模型训练，将 ULAP 和 GC 校正后的图像作为网络约束，引导网络模型训练；采用 U–Net 编解码结构，构建多尺度卷积块同时加入注意力机制进行特征提取；构建多项损失函数，将网络生成的图像与预处理的图像进行融合，最后得到增强图像。在真实和合成的水下图像数据集的定性和定量实验结果表明，该方法不仅能够有效改善色偏、提升图像的对比度，对亮度不均匀的图像也有良好的改善作用，进一步也证明该方法具有较好的泛化性能和鲁棒性。

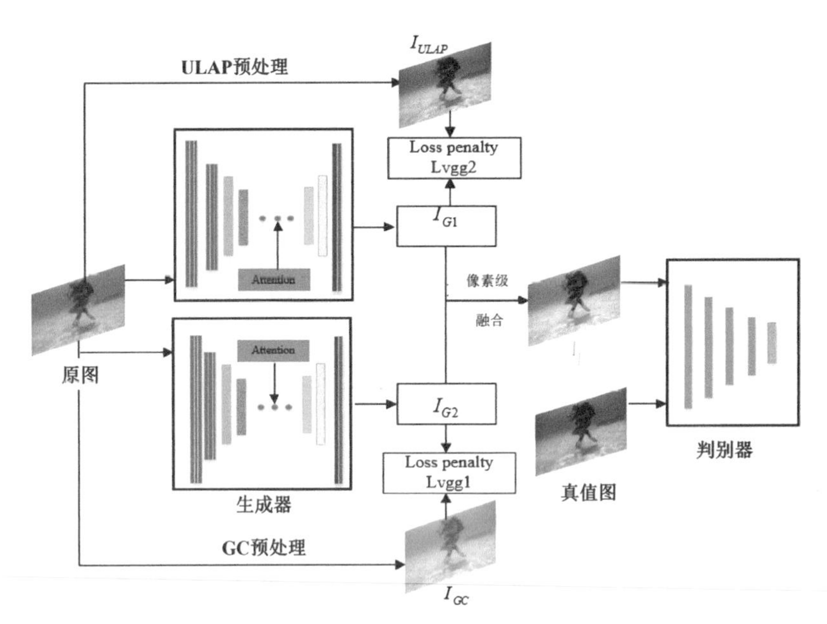

图 4-7 基于双生成器 GAN 的水下图像增强方法框架

4.4.1.1 图像预处理

采用了两种图像预处理的方法，分别是基于水下光线衰减先验 ULAP 的水下图像去雾和伽马图像校正。

1）ULAP 去雾模型

由于水下环境的复杂性，水中的杂质、颗粒及光在水中传播时的衰减特性，即波长较短的红光最先消失接着是绿光、蓝光，因此获取的图像往往呈现出一种蓝绿色调，严重影响水下图像的质量。对于水下图像复原方法主要是通过考虑光在水介质中传播的基本物理原理来恢复水下图像，恢复的目的是推导出物理模型的参数，然后通过预留补偿处理恢复水下图像。考虑到光在水下传播时的衰减特点及水下图像的光学成像模型，使用 ULAP 优化低质图像的透射图 TM 和背景光 BL，进一步改善原始图像质量，增加模型的泛化性能。

Song 等[54]通过统计实验发现，水下图像中一个像素的 GB 通道强度最大值和 R 通道强度值的方差与场景深度的变化有很大关系，经推导提出了一种线性的水下光线衰减先验模型，表示如下

$$d(x)=\mu_0+\mu_1 m(x)+\mu_2 v(x) \tag{4-29}$$

式中：x 代表一个像素点；$d(x)$ 表示像素点 x 的场景深度；$m(x)$ 和 $v(x)$

分别表示 GB 强度最大值和 R 通道强度值的方差。

相对深度图不能直接用于估计 RGB 通道的最终 TM。为了测量摄像机到每个场景点的距离，实际的场景深度图 d_a 定义如下

$$d_a(x) = D\infty \cdot d(x) \tag{4-30}$$

式中：$D\infty$ 是用于将相对距离转化为实际距离的缩放常数，其值设为 10。在获取了图像的背景光和透射图之后，通过式（4-6），反演出最终的图像。

2）伽马校正

光在水中传播时，由于中心成像原理，获取的水下图像伴随着严重的亮度不均，整体上的亮度偏暗，为此，使用伽马校正（GC）对图像进行校正。由于 GC 通过非线性函数变换将图像像素强度分布进行校正，符合人眼对于颜色的敏感程度非线性关系。计算公式如下

$$J_c(x) = C \cdot I_c(x)^{\gamma} \tag{4-31}$$

式中：C 为常数，设置为 1；γ 为伽马校正系数，设置为 0.8，以便有效扩展低亮度区域的动态范围同时压缩高亮度区域的动态范围。

为了说明预处理方法对原始图像的质量改善，图 4-8 给出了使用 ULAP 和 GC 处理之后的图像。从图中的前三张图像中可以明显看出，使用 ULAP 算法提升了原始图像的对比度和色彩信息；对低亮度图像使用 GC 校正之后，原始图像的亮度提升，但相对于原始图像，整体的对比度有所下降。对比图 4-8 中给出的对（a）、（b）、（c）的 GC 处理结果和对（d）、（e）、（f）的 ULAP 处理结果，可以看出，存在色彩偏移的图像使用 GC 之后整体对比度

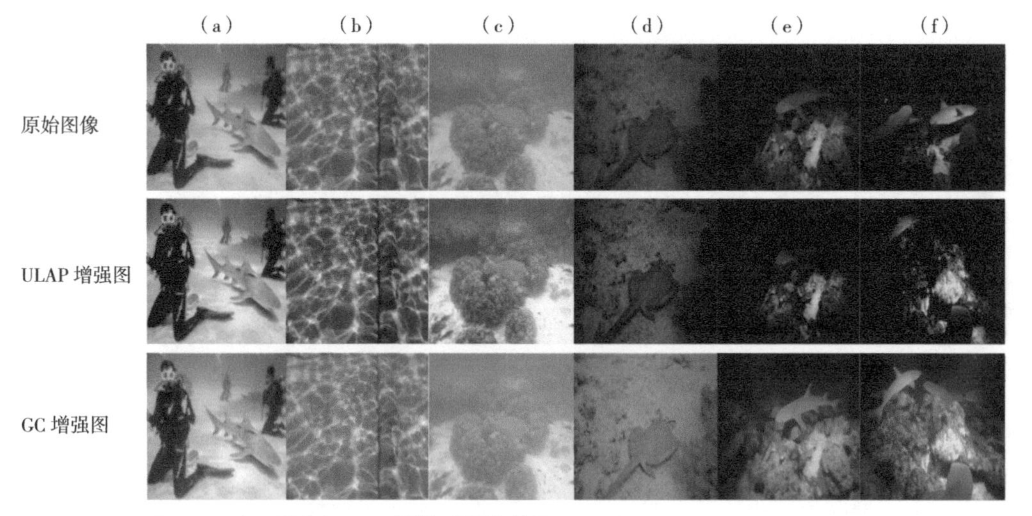

图 4-8　水下图像经 ULAP 预处理后的结果

降低；低亮度图像使用ULAP算法后引入新的色调，且出现伪影，整体质量下降。因此，需要结合ULAP算法和GC对原始图像进行预处理，针对水下图像的不同特性对两个生成器进行惩罚限制，引导最终的恢复模型具有更好的鲁棒性。

4.4.1.2 双生成器GAN网络

生成对抗网络GAN在图像处理领域具有重要的作用，由两部分组成：生成器和判别器。生成器的作用就是找出观测数据内部的统计规律，生成相似数据，并逐渐提高造样本的能力，从而使判别网络无法判断模型产生的数据与真实数据的真假，在GAN网络中相当于伪装者的身份。而判别器主要是判断输入数据的真假，理想判别器对输入真实样本的输出接近1，输入的假样本输出接近0，在GAN网络中扮演警察角色。整个学习过程中，生成器的目标就是尽量生成真实的图像去欺骗判别器；而判别器则尽量把生成器生成的图像和真实的图片区分开来。这样，G和D构成了一个动态的“博弈过程”。生成器和判别器的损失表示为

$$\max_G V(G,D)=E_{I_r\sim P_G(I_r)}\left[\log\left(1-D\left(G(I_r)\right)\right)\right] \tag{4-32}$$

$$\max_G V(G,D)=E_{I_g\sim P_D(I_g)}\left[\log D(I_g)\right]+E_{I_r\sim P_G(I_r)}\left[\log\left(1-D\left(G(I_r)\right)\right)\right] \tag{4-33}$$

式中：I_g为无失真图像（真值）；I_r为失真的原始图像。

如图4-7所示，双生成器网络有两个独立的生成器。每个生成器采用基于U-Net的编码-解码结构对水下图像的细节、对比度和色彩进行恢复，网络结构如图4-9a所示。模型输入大小为$256\times256\times3$的水下图像。在编码阶段，生成器的前两层使用卷积块对输入的图像进行多尺度特征提取，卷积块由大小7×7、5×5和3×3的卷积核构成，结构如图4-9b所示；之后的每层采用卷积、Leaky-Relu激活和批归一化对特征进一步提取。在解码阶段，每层直接使用卷积和Leaky-Relu，最后一层使用tanh函数进行非线性激活；同时，加入跳接减少特征提取过程中低层信息丢失。整个生成器网络，除编码阶段的前两层外，其他各层均采用4×4大小的卷积核；每层卷积核的个数以2的指数形式从64逐渐增加到512；使用卷积和步长代替最大池化，最后得到大小为256×256的增强图像。

双生成器网络共用一个判别器，根据图像块信息对真值图像和网络生成图像进行区分。由于图像块计算的参数比全局图像判别要少，因此计算效率

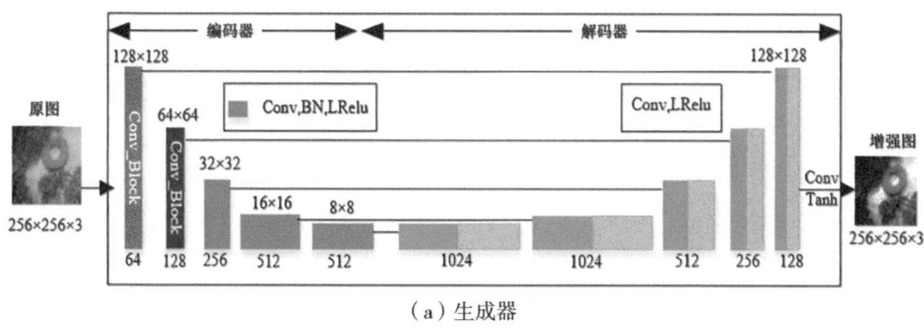

（a）生成器

raw:256 × 256 × 3

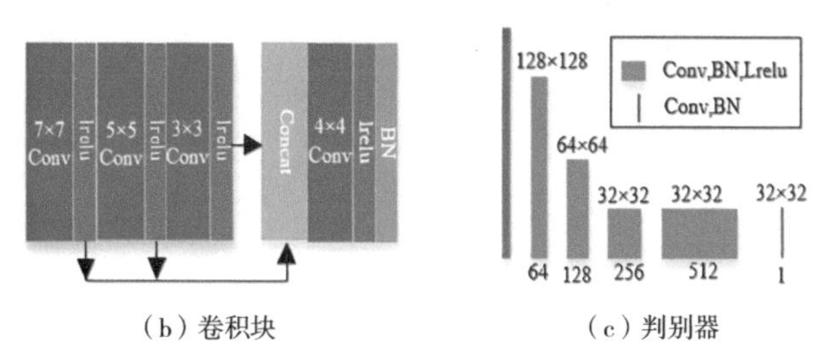

（b）卷积块　　　　（c）判别器

图 4-9　生成对抗网络结构图

更高。如图 4-9c 所示，使用 5 个卷积层将尺度为 256 × 256 × 3 的真实图像和生成图像转换 32 × 32 × 1 的块输出，每一层卷积核大小为 4 × 4，步长为 2，采用非线性激活 Leaky-Relu 和批归一化。

在双生成器 GAN 网络上加入通道注意力机制优化模型的特征提取能力。由于光在水中传播时不同颜色光的衰减程度不同，网络中加入通道注意力机制就可以很好地弥补不同颜色通道。两个生成器采用相同的模型结构，构建多尺度损失函数将 ULAP 和 GC 处理之后的图像作为惩罚项对两个生成器施加惩罚。最后，将两个生成器的输出图像进行像素融合，通过判别器对模型输出图像和真值图像的判断得到最终的图像增强模型。

融合方法采用简单的像素值融合，表示如下

$$I_f = (I_{G1} \oplus I_{G2}) / 2 \tag{4-34}$$

式中：I_{G1} 为生成器 G_1 生成的水下图像；I_{G2} 为生成器 G_2 生成的水下图像。

4.4.1.3　损失函数

基于生成对抗网络模型进行训练，损失函数主要包括生成对抗网络损失 $L_{wgan-gp}(G, D)$、模型生成图像与真实图像之间的 L1 损失，以及两个预处理操作对模型的惩罚损失。网络结构的整体损失表示为

$$\text{Loss} = \min_G \max_D L_{wgan-gp}(G,D) + \lambda_1 L_1 + \lambda_2 L_{vgg1}(G_1) + \lambda_3 L_{vgg2}(G_2) \tag{4-35}$$

式中：λ_1、λ_2、λ_3的设置分别为100、1和1。由于L1损失是在归一化图像（范围［0，1］）的基础上计算的，数值相对于其他损失较小。为保证多项损失计算后的结果在同等量级，该损失的权重取值设置为100。

1）对抗损失

由于GAN网络损失包括生成器损失和判别器损失，训练过程中存在收敛速度慢、梯度消失和梯度爆炸等问题。Wasserstein GAN（WGAN）[55]的出现解决了上述问题。WGAN引入了具有更好平滑特性的Wasserstein距离，理论上可以解决梯度消失问题。WGAN-GP损失在WGAN的基础上使用梯度惩罚（gradient penalty）方法来代替权重剪裁，以获得效果更稳定、生成质量更高的图像。

$$L_{wgan-gp}(G,D)=E\left[D(I_g)\right]-E\left[\left(D\left(G(I_r)\right)\right)\right]+\lambda_{gp}E_{\hat{x}\sim P_{\hat{x}}}\left[\left(\left\|\nabla_{\hat{x}}D(\hat{x})\right\|_2-1\right)^2\right] \tag{4-36}$$

2）L1损失

与L2均方误差损失相比，L1绝对误差损失受异常值影响小。对于由算法生成的水下图像真值而言，存在潜在的异常像素值，因此使用L1损失来保证生成图像和真值图像尽可能相似。生成图像和真值图像之间的L1损失可以表示为

$$L1=E(x,y)\left[\left\|I_g-G(I_r)\right\|_1\right] \tag{4-37}$$

3）感知损失

为了增强网络模型训练的泛化性能，将预处理之后的图像作为伪真值对网络施加惩罚，计算生成图像和预处理图像I_{pre}之间的感知损失。定义的感知损失表示为

$$L_{vgg}=\left\|\Phi\left(G(I_r)\right)-\Phi(I_{pre})\right\|_2 \tag{4-38}$$

式中：Φ（ ）表示在预先训练的VGG19网络的Block5_conv2层上提取的特征映射；I_{pre}为经过图像预处理后水下图像。

4.4.1.4 水下图像增强效果与分析

水下图增强效果评价包括主观人眼观察和客观指标评价。常用的客观评价指标包括有参考评价指标和无参考评价指标。均方误差（MSE）、峰值信噪比（peak signal to noise ratio，PSNR）、结构相似性（structural similarity，SSIM）为常用的有参考图像评价指标，公式如下

$$MSE = \frac{1}{MN}\sum_{x=1}^{MN}\left\| I(x) - O(x) \right\|^2 \tag{4-39}$$

$$PSNR = 20 \times \log_{10}\left(\frac{255}{MSE}\right) \tag{4-40}$$

$$SSIM = \frac{\sum_{x\in\Omega} S_L(x)\cdot PC_m(x)}{\sum_{x\in\Omega} PC_m(x)} \tag{4-41}$$

式中：M 和 N 表示图像分辨率；$I(x)$ 和 $O(x)$ 表示待评价图像和参考图像在 x 处的像素值；Ω 表示整个图像的空间域；$S_L(x)$ 和 $PC_m(x)$ 分别表示两个图像的相似度和相应的权重。

无参考的水下图像评价指标（UIQM）[56]是由水下图像色彩测量（underwater image colorfulness measure，UICM）、水下图像清晰度测量（underwater image sharpness measure，UISM）和水下图像对比度测量（underwater image contrast measure，UIConM）三方面的线性组合模型。UIQM 越大表明水下彩色图像质量越好。c_1、c_2、c_3 是线性组合的权重因子。

$$\text{UIQM} = c_1 \times \text{UICM} + c_2 \times \text{UISM} + c_3 \times \text{UIConM} \tag{4-42}$$

采用 EUVP 数据集[43]进行模型训练，分别在真实数据集和合成数据集上对模型进行测试，如图 4-10 所示。由双生成器 GAN 网络结合两类图像增强 / 复原预处理约束（D-GAN+Pre）的结果表明：D-GAN+Pre 方法对出现不同色调的真实水下图像表现出很好的色彩校正能力，细节和清晰度得到明显的改善；在不同衰减程度的合成测试集上的测试结果表明，该方法具有很好的泛化性能，能够很好地还原原始图像的真实性，恢复效果更符合人类的视觉感知。

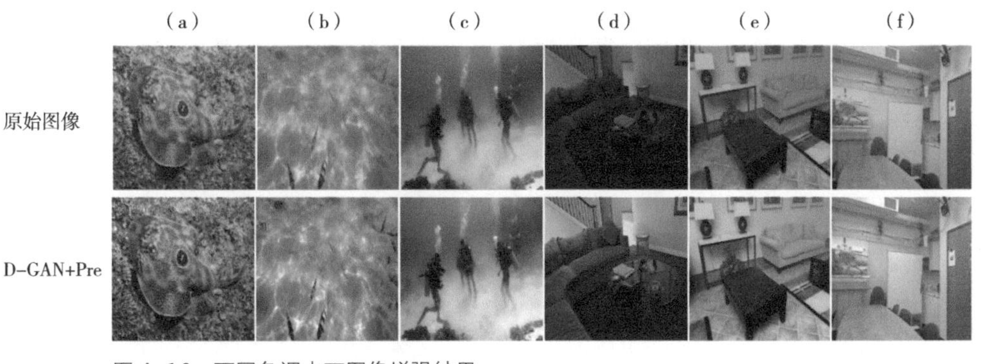

图 4-10 不同色调水下图像增强结果

图 4-11 给出了模型在低亮度水下图像上的增强效果对比。从图中可以看出，D-GAN+Pre 方法大大地提升了图像的亮度，图像的细节信息突出，对比度明显提升。

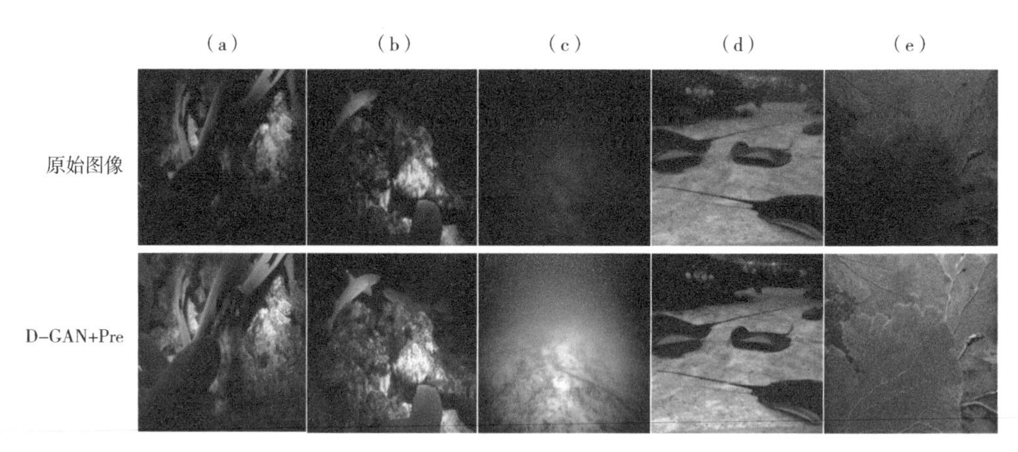

图 4-11　低亮度水下图像增强结果

使用定量指标对不同水下图像增强方法的性能进行对比。表 4-1 为该方法在有真值的 UIEB 数据集[42]上的测试结果。从定量指标上来看，传统方法中 Fusion 方法获得了最高得分，这与使用的测试集 UIEB 有很大的关系，该数据集中的真值图像中有 24.72% 是通过 Fusion 算法生成的。基于深度学习的方法中，D-GAN+Pre 方法在 PSNR 和 SSIM 指标上取得了更高的值，说明了该方法的有效性。

表 4-1　在 UIEBD 测试集上的平均 PSNR 和 SSIM 值

类型	方法	PSNR/dB	SSIM
传统水下图像增强方法	UDCP[29]	12.64	0.578
	RGHS[35]	19.49	0.832
	Fusion[37]	**22.12**	**0.846**
基于深度学习的水下图像增强方法	WaterNet[42]	19.12	0.813
	FUnieGAN[47]	17.63	0.761
	D-GAN+Pre	**21.23**	**0.870**

对 EUVP 数据集[43]中非成对的测试集采用无参考水下图像质量测量指标（UIQM）[56]进行方法性能评价。表 4–2 给出了不同水下图像增强方法的测试结果。从整体的 UIQM 测量指标可以看出，D–GAN+Pre 获取的得分较高；从分项指标来看，D–GAN+Pre 在图像色彩度 UICM 和对比度 UIConM 也较高，说明了 GAN+Pre 方法有更强的增强效果和泛化性能。Fusion 方法在色彩 UICM 和清晰度 UISM 方面表现出色，因而获得比较好的总体表现。

表 4–2　EUVP 数据集中非成对的测试集在不同方法上的 UIQM 评分

类型	方法	UIQM	UICM	UISM	UIConM
传统水下图像增强方法	UDCP[29]	1.978	7.711	5.609	0.029
	RGHS[35]	2.169	7.483	5.796	0.069
	Fusion[37]	**2.922**	**8.177**	**8.004**	**0.091**
基于深度学习的水下图像增强方法	WaterNet[42]	3.030	5.014	7.545	0.184
	FUnieGAN[47]	2.782	6.121	7.021	0.149
	D–GAN+Pre	**3.512**	**6.285**	**8.214**	**0.243**

4.4.2　案例 2——模糊水下图像的增强混合鱼类检测方法

在渔业养殖过程中，提取图像中鱼的数量是养殖监测的关键步骤。受水体浑浊度和水中光衰减的影响，养殖环境下的水下图像具有模糊的特点。应用图像增强的方法可以使得模糊水下图像变得清晰，理想情况下可以提高鱼类检测的精度。但相关研究结果表明图像增强带来的这种清晰，并不能直接提高鱼类检测模型的检测能力，模型的检测精度甚至出现了退化。覃学标等[57]基于多种图像增强方法对模糊的水下图像进行增强，根据增强后图像检测的混合结果，做出最终检测。

4.4.2.1　方法框架

基于图像增强的混合鱼类检测方法框架如图 4–12 所示。由于 YOLOv4 模型[58]目标检测的速度较快，精度也较高，以此作为鱼类目标检测模型。首先，利用多种图像增强方法对模糊的水下图像进行增强；然后，将增强后的图像分别输入 YOLOv4 鱼类检测模型中得到多个输出；接着对多个输出的检测结果采用非极大抑制方法（NMS）对混合结果进行合并，获得最终检测结果，以避免模型出现精度退化的问题，达到提高模型检测精度的目的。

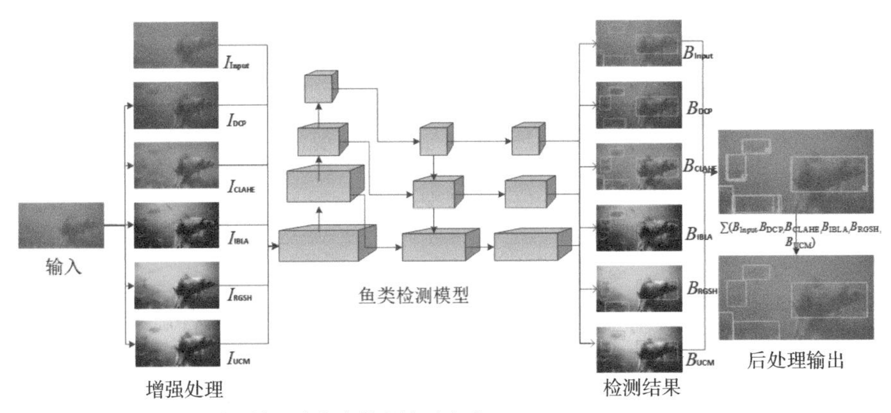

图 4-12 基于图像增强的混合鱼类检测方法框架

1）水下图像增强

为了解决使用深度学习的方法对模糊的水下图像进行鱼类检测精度较低并产生漏检问题，使用图像增强方法对模糊的水下图像进行增强。为了避免单一增强方法增强后出现精度退化的问题，从传统增强方法中选取两类基于直方图的增强类方法：对比度受限的自适应直方图均衡化方法（CLAHE）和相对全局直方图拉伸方法（RGSH），以及三种复原方法：暗通道先验（DCP）、无监督色彩校正（UCM）和基于图像模糊和光吸收的水下图像复原（IBLA），对模糊的水下图像进行预处理，得到多个输入。

2）鱼类目标检测模型

基于 YOLOv4 的鱼类检测网络结构主要分为输入、主干网络、颈部和头部预测网络四个模块，如图 4–13 所示。

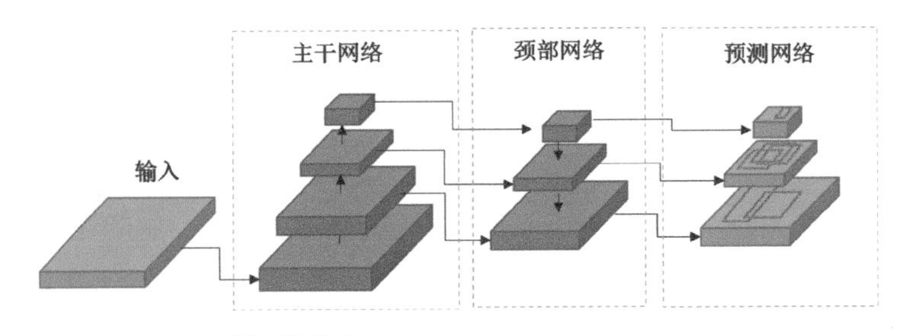

图 4-13 YOLOv4 模型的基本框架

将图像 I_{Input}、I_{DCP}、I_{CLAHE}、I_{IBLA}、I_{RGSH} 和 I_{UCM} 分别输入基于 YOLO 框架的鱼类检测模型，记各自输出的检测框为 B_{Input}、B_{DCP}、B_{CLAHE}、B_{IBLA}、B_{RGSH} 和 B_{UCM}，记对应的检测概率为 S_{Input}、S_{DCP}、S_{CLAHE}、S_{IBLA}、S_{RGSH} 和 S_{UCM}，分别

得到检测框和检测概率的集合 $B=\{B_{Input}, B_{DCP}, B_{CLAHE}, B_{IBLA}, B_{RGSH}, B_{UCM}\}$，$S=\{S_{Input}, S_{DCP}, S_{CLAHE}, S_{IBLA}, S_{RGSH}, S_{UCM}\}$。

3）混合结果的后处理

设定阈值 T，使用非极大抑制方法对混合结果 B 进行处理。T 取 0.3，与检测模型 YOLO 的取值一致。首先，确定 S 中最大的检测概率 S_m，从 B 中选出该概率对应的检测框 B_m，予以保留；然后分别计算 B_m 与 B 中剩余检测框 B_i 的交并比 IOU（B_m，B_i）（B_m，$B_i \in B$，且 $B_m \neq B_i$），其计算公式为

$$IOU(B_m, B_i) = \frac{B_m \cap B_i}{B_m \cup B_i} \tag{4-43}$$

当 IOU（B_m，B_i）$< T$ 时，B_i 对应的检测框予以保留；反之，B_i 对应的检测框予以删除。如此循环操作得到最终的检测结果，其处理过程示意如图 4-14 所示。

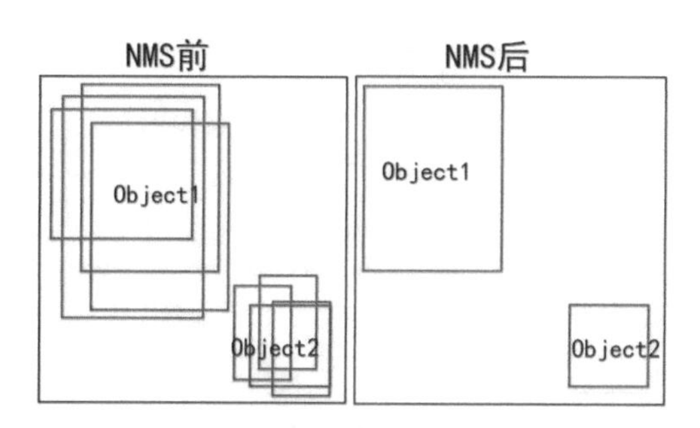

图 4-14　NMS 过程示意

4.4.2.2　结果及分析

首先，分别使用 DCP、CLAHE、IBLA、RGSH 和 UCM 方法对测试集的图像进行增强。然后，将增强后的图像分别输入具有不同网络结构的 YOLOv3、YOLOv4 和 YOLOv4-tiny 模型进行训练，并对实验的结果进行评价和分析。实验环境为处理器 AMD 1950X 3.4GHz，内存为 32GB，显卡为 GTX-1080Ti，操作系统为 Ubuntu16.04。

1）图像增强结果

选择三张图像作为样例展示增强后的效果，如图 4-15 所示。可以观察到，模糊的水下图像经过不同增强方法增强后呈现不同的效果，清晰度得到不同程度的提高。但同时也导致一些问题，例如，IBLA 造成局部过度曝光，DCP 结果整体偏暗等。

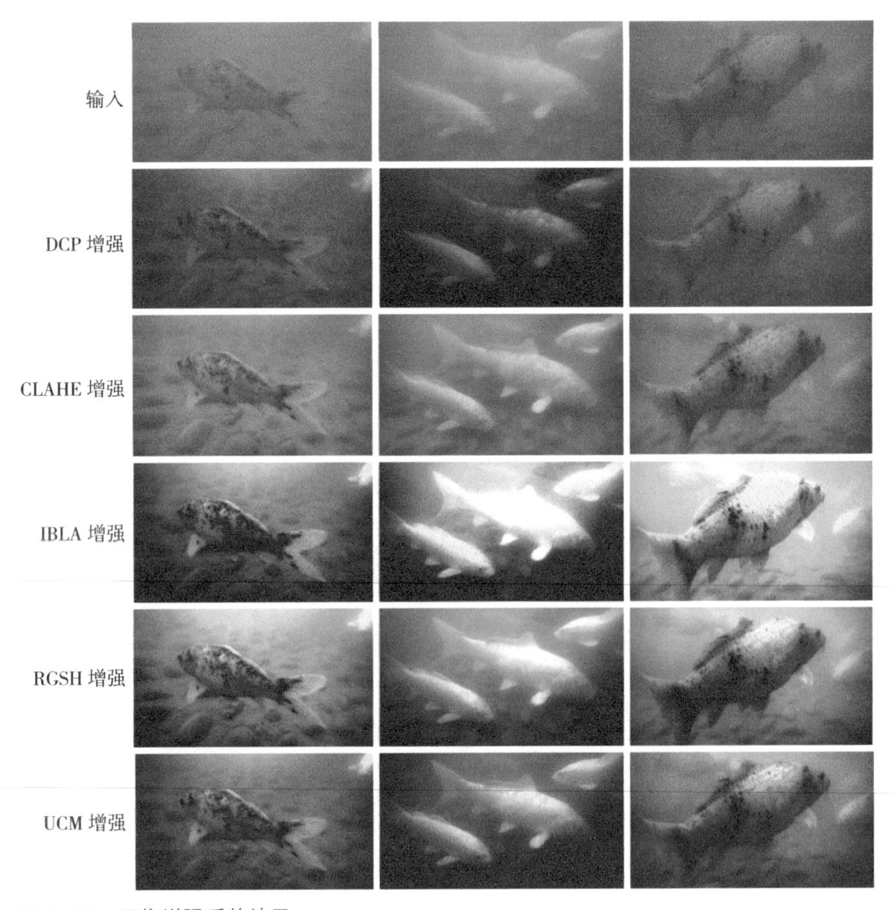

图 4-15　图像增强后的效果

为了更客观地检验图像增强后的效果，使用峰值信噪比 PSNR 和均方误差 MSE 对增强后图像相对于原始图像的失真程度进行评价。表 4–3 为三张样例图像分别使用 DCP、CLAHE、IBLA、RGSH 和 UCM 方法增强后的 PSNR 值（值越大增强效果越好）。可以看出，CLAHE 方法增强效果最好，IBLA 最差，与观察结果基本一致。

表 4–3　样例图像的峰值信噪比

增强方法	PSNR
DCP	12.90
CLAHE	23.15
IBLA	11.16
RGSH	13.61
UCM	14.54

2）鱼类检测结果

采用检测精度 *AP*、检测数量和检测时间对方法性能进行评价。*AP* 的计算公式为

$$AP = \int_0^1 P(R)\,\mathrm{d}R \tag{4-44}$$

式中：*R* 为召回率；*P* 为准确率。选择 *AP*50 作为检测精度衡量依据，定义为：预测框与真实框交并比大于 50% 时视为正确。

检测数量定义为检测概率大于 0.3 的目标个数。测试集中鱼数量的真实值以人工计数为准。检测时间定义为单帧图像的检测时间。应用 δ 来衡量方法的提升幅度，表示为

$$\delta = \frac{\Delta}{C} \times 100\% \tag{4-45}$$

式中：Δ为增量；*C* 为基准值。

表 4-4 给出了原始图像的检测结果和增强混合方法的检测结果对比。从表中可以看出，使用混合增强方法在 YOLOv3 模型上检测精度提高了 2.2%，检测数量提高了 15.5%；在 YOLOv4-tiny 模型上检测精度提高了 8.3%，检测数量提高了 49.8%；在 YOLOv4 模型上检测精度提高了 1.4%，检测数量提高了 12.7%。说明针对模糊的水下图像，无论以何种目标检测模型为基础网络，混合增强方法都能达到提高模型检测能力的目的。在检测时间上，由于增加增强后图像的检测，检测时间出现了较大幅度的增长，YOLOv4-mix 的帧速率为 6 帧 /s，YOLOv4-tiny-mix 的帧速率为 74 帧 /s，仍可以满足鱼

表 4-4　本节方法的实验结果

模型	*AP*50	检测数量	*AP*50 增量	δ /%	检测时间 /s
YOLOv3	87.61	2 903	—	—	0.044 172
YOLOv3-mix	89.76	3 353	2.2	15.5	0.221
YOLOv4-tiny	83.40	2 310	—	—	0.002 678
YOLOv4-tiny-mix	91.75	3 461	8.3	49.8	0.0134
YOLOv4	93.24	3 016	—	—	0.032 781
YOLOv4-mix	94.61	3 401	1.4	12.7	0.164
人工计数结果		3 546	—	—	

注：-mix 表示使用了多种图像增强算法进行混合检测。

类检测的实时性需求。

对比各目标检测模型可以看出，YOLOv4 的目标检测能力明显优于 YOLOv3，为实现快速目标检测，YOLOv4-tiny 对模型进行了压缩，导致其目标检测的能力下降，与 YOLOv4 相比，*AP*50 下降近 10%，与 YOLOv3 相比下降 4.2%。但是，在增强混合框架下，YOLOv4-tiny 的检测能力显著提升，*AP*50 达到 91.75%，且鱼类检测数量达到 3 461，与人工计数结果 3 546 最为接近。由于增强混合方法的多个图像增强和检测模型可以并行计算，因此，与快速目标检测模型相结合，利用混合图像增强的方法在实时鱼类目标检测上具有实用性。

3）分析与讨论

对不同图像增强方法产生的影响进行分析，并使用样例图像对本节方法的检测结果进行可视化分析。由于 YOLOv4 模型的检测精度最高，因此在该模型上开展实验。

表 4-5 给出了原始图像、分别经过 DCP、CLAHE、IBLA、RGSH 和 UCM 方法增强后的图像和本节方法检测结果的对比。从表中可以看出，经过 CLAHE 方法增强后图像的检测精度与原始图像的检测精度相近，而经过 DCP、IBLA、RGSH 和 UCM 方法增强后图像的检测精度和检测数量都出现了不同程度的退化。说明单一图像增强方法增强后不能直接提高模型的检测能力。增强混合方法的检测精度和检测数量均优于原始图像的检测结果及单一图像增强方法增强后的检测结果，说明该方法避免了图像增强后模型出现精度退化的问题。

表 4-5　单一图像增强方法增强后的检测结果对比

输入	*AP*50	检测数量
原图	93.24	3 016
DCP 增强后图像	92.22	2 682
CLAHE 增强后图像	92.80	2 847
IBLA 增强后图像	84.21	2 255
RGSH 增强后图像	90.67	2 551
UCM 增强后图像	89.36	2 488
YOLOv4-mix	94.61	3 401
人工计数结果	—	3 546

图 4-16 给出了原始图像、分别经过 DCP、CLAHE、IBLA、RGSH 和 UCM 方法增强后的图像和本节方法可视化检测结果的对比。从图中可以看出：①原始图像中未被检出的目标，经过增强后被检出；②不同图像增强方法的检测结果不同；③存在原始图像中被检出的目标，经过增强后未被检出的情况。说明经过不同图像增强方法增强后的检测结果与原始图像的检测结果存在互补性。增强混合方法保留了增强后图像和原始图像之间漏检的目标，以避免模型出现精度退化的问题，达到提高模型检测能力的目的。

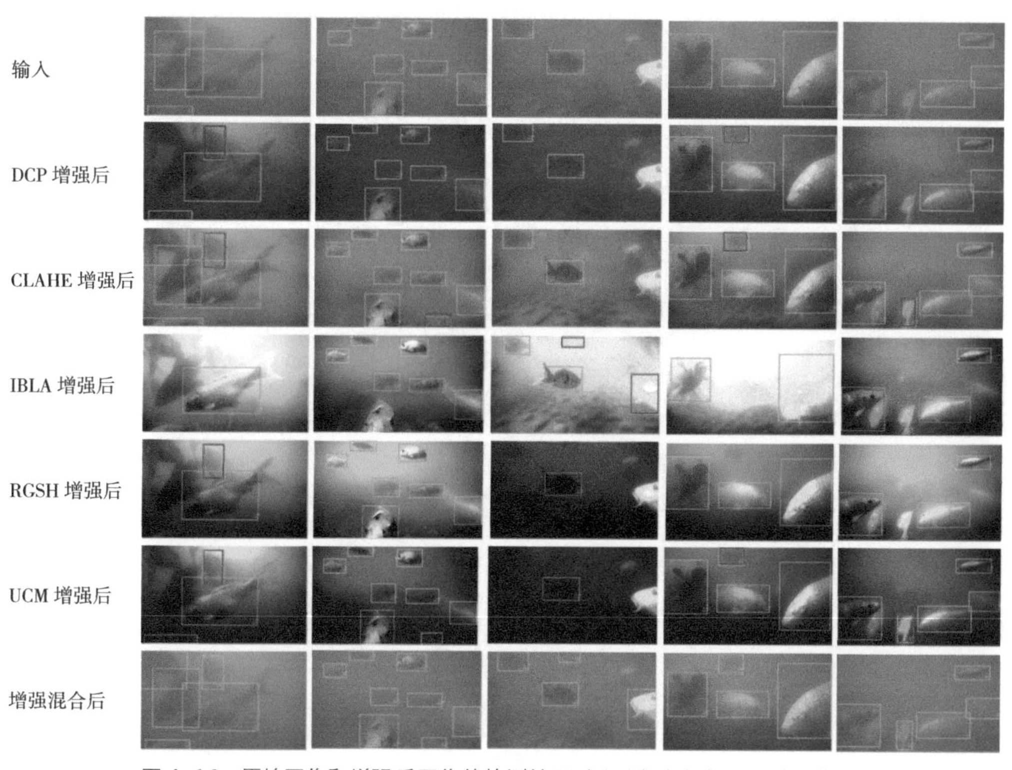

图 4-16　原始图像和增强后图像的检测结果对比（红色框标出原始图像中漏检的目标）

参考文献

[1] Lu H, Li Y, Serikawa S. Computer vision for ocean observing[J]. Artificial Intelligence and Computer Vision, 2017: 1–16.

[2] Kim K, Kim J, Kang S, et al. Object recognition for cell manufacturing system[C]//2012 9th International Conference on Ubiquitous Robots and Ambient Intelligence (URAI), 2012: 512–514.

[3] Lee D J, Redd S, Schoenber R, et al. An automated fish species classification and migration monitoring system[C]//The 29th Annual Conference of the IEEE Industrial Electronics Society, 2003. IECON ’03. 2003, 2: 1080–1085.

[4] Chen C L P, Zhou J, Zhao W. A real–time vehicle navigation algorithm in sensor network environments[J]. IEEE Transactions on Intelligent Transportation Systems, 2012, 13(4): 1657–1666.

[5] Ludvigsen M, Sortland B, Johnsen G, et al. Applications of geo–referenced underwater photo mosaics in marine biology and archaeology[J]Oceanography, 2007, 20(4):140–149.

[6] Schechner Y Y, Karpel N. Recovery of underwater visibility and structure by polarization analysis[J]. IEEE Journal of Oceanic Engineering, 2005, 30(3):570–587.

[7] Yan Z, Ma J, Tian J, et al. A gravity gradient differential ratio method for underwater object detection[J]. IEEE Geoscience and Remote Sensing Letters, 2014, 11(4): 833–837.

[8] Hou W, Gray D J, Weidemann A D, et al. Automated underwater image restoration and retrieval of related optical properties[C]// 2007 IEEE International Geoscience and Remote Sensing Symposium, 2008.

[9] Singh G, Jaggi N, Vasamsetti S, et al. Underwater image/video enhancement using wavelet based color correction(WBCC)method[C]// Underwater Technology, 2015.

[10] Oakley J P, Satherley B L. Improving image quality in poor visibility conditions using a physical model for contrast degradation[J]. IEEE Transactions on Image Processing, 1998, 7(2): 167–179.

[11] Galdran A. Image dehazing by artificial multiple–exposure image fusion[J]. Signal Processing, 2018, 149: 135–147.

[12] Boom B J, He J, Palazzo S, et al. A research tool for long–term and continuous analysis of fish assemblage in coral–reefs using underwater camera footage[J]. Ecological Informatics, 2014, 23: 83–97.

[13] Ouyang B, Dalgleish F, Vuorenkoski A , et al. Visualization and image enhancement for multistatic underwater laser line scan system using image–based rendering[J]. IEEE Journal of Oceanic Engineering, 2013, 38(3): 566–580.

[14] Schechner Y Y, Averbuch Y. Regularized image recovery in scattering media[J]. IEEE Transactions on Pattern Analysis and Machine Intelligence, 2007, 29(9):1655–1660.

[15] Jerlov N G, Petterson H. Optical studies of ocean waters. Reports of the Swedish Deep–

sea Expedition, 1947–1948. Volume Ⅲ: Physics and chemistry[M]. Gothenburg: Elanders Boktryckeri.1957.

[16] McGlamery B L. A computer model for underwater camera systems[C]//International Society for Optics and Photonics, 1980, 0208: 221–232.

[17] Jaffe J S. Computer modeling and the design of optimal underwater imaging systems[J]. IEEE Journal of Oceanic Engineering, 1990, 15(2): 101–111.

[18] Akkaynak D, Treibitz T. A revised underwater image formation model[C]// Proceedings of the IEEE Conference on Computer Vision and Pattern Recognition, 2018.

[19] Chiang J Y, Chen Y C. Underwater image enhancement by wavelength compensation and dehazing[J]. IEEE Transactions on Image Processing, 2012, 21(4): 1756–1769.

[20] Narasimhan S G, Nayar S K, Sun B, et al. Structured light in scattering media[C] // Proceedings of the Tenth IEEE International Conference on Computer Vision Washington, DC, USA: IEEE Computer Society, 2005: 420–427.

[21] Jaffe J S. Enhanced extended range underwater imaging via structured illumination[J]. Optics Express, 2010, 18(12): 12328–12340.

[22] Hummel R. Image enhancement by histogram transformation[J]. Computer Graphics and Image Processing, 1977, 6(2): 184–195.

[23] Zuiderveld K. Contrast limited adaptive histogram equalization[M]//HECKBERT P S. San Diego, CA, USA: Academic Press Professional, Inc., 1994: 474–485.

[24] Deng G. A generalized unsharp masking algorithm[J]. IEEE Transactions on Image Processing, 2011, 20(5): 1249–1261.

[25] Liu Y C, Chan W H, Chen Y Q. Automatic white balance for digital still camera[J]. IEEE Transactions on Consumer Electronics, 1995, 41(3): 460–466.

[26] Weijer J V D, Gevers T, Gijsenij A. Edge-based color constancy[J]. IEEE Transactions on Image Processing, 2007, 16(9): 2207–2214.

[27] Vasamsetti S, Mittal N, Neelapu B C, et al. Wavelet based perspective on variational enhancement technique for underwater imagery[J]. Ocean Engineering, 2017, 141 (Supplement C): 88–100.

[28] He K M, Sun J, Tang X O. Single image haze removal using dark channel prior[J]. IEEE Transactions on Pattern Analysis and Machine Intelligence, 2011, 33(12): 2341–2353.

[29] Drews P L J, Nascimento E, Moraes F, et al. Transmission estimation in underwater single images[C]// International Conference on Computer Vision – Workshop on Underwater Vision. IEEE, 2013: 825–830.

[30] Galdran A, Pardo D, Picón A, et al. Automatic red-channel underwater image restoration[J]. Journal of Visual Communication and Image Representation, 2015, 26: 132–145.

[31] Li C Y, Quo J, Pang Y, et al. Single underwater image restoration by blue-green channels dehazing and red channel correction[C]// IEEE International Conference on Acoustics, Speech and Signal Processing(ICASSP), 2016: 1731–1735.

[32] Peng Y T, Zhao X, Cosman P C. Single underwater image enhancement using depth estimation based on blurriness[C]//2015 IEEE International Conference on Image

Processing (ICIP), 2015: 4952–4956.

[33] Iqbal K, Abdul–Salam R, Osman M A, et al. Underwater image enhancement using an integrated colour model[J]. IAENG International Journal Of Computer Science, 2007, 32(2): 239–244.

[34] Iqbal K, Odetayo M, James A, et al. Enhancing the low quality images using unsupervised colour correction method[C]//2010 IEEE International Conference on Systems, Man and Cybernetics. 2010: 1703–1709.

[35] Huang D, Wang Y, Song W, et al. Shallow–water image enhancement using relative global histogram stretching based on adaptive parameter acquisition[M/OL]// SCHOEFFMANN K, CHALIDABHONGSE T H, NGO C W, et al. MultiMedia Modeling: 10704. Cham: Springer International Publishing, 2018: 453–465.

[36] Ghani A S A, Isa N A M. Underwater image quality enhancement through composition of dual–intensity images and Rayleigh–stretching[J]. SpringerPlus, 2014, 3(1): 757.

[37] Ancuti C, Ancuti C O, Haber T, et al. Enhancing underwater images and videos by fusion[C]// 2012 IEEE Conference on Computer Vision and Pattern Recognition. IEEE, 2012: 81–88.

[38] Land E H. The retinex[J]. America Science, 1964, 52:247–264.

[39] Rahman Z, Jobson D J, Woodell G A, A multi–scale retinex for color image enhancement [C]// Proceedings of International Conference on Image Processing. Lausanne, Switzerland,1996: 1003–1006.

[40] Song W, Wang Y, Huang D, et al. Enhancement of underwater images with statistical model of background light and optimization of transmission map[J]. IEEE Transactions on Broadcasting, 2020, 66(1): 153–169.

[41] Anwar S, Li C, Porikli F. Deep underwater image enhancement [OL]. 2018. ARXIV.1807.03528.

[42] Li C, Guo C, Ren W, et al. An underwater image enhancement benchmark dataset and beyond[J]. IEEE Transactions on Image Processing, 2019, 29: 4376–4389.

[43] Islam M J, Xia Y, Sattar J. Fast underwater image enhancement for improved visual perception[J]. IEEE Robotics and Automation Letters, 2020, 5(2): 3227–3234.

[44] Perez J, Attanasio A C, Nechyporenko N, et al. A deep learning approach for underwater image enhancement [C]// Proceedings of International Work–Conference on the Interplay Between Natural and Artificial Computation, IWINAC 2017: Biomedical Applications Based on Natural and Artificial Computing, 2017:183–192.

[45] Wang Y, Zhang J, Cao Y, et al. A deep CNN method for underwater image enhancement [C]// Proceedings of 2017 IEEE International Conference on Image Processing (ICIP), Beijing, 2017: 1382–1386.

[46] Sun X, Liu L, Li Q, et al. Deep pixel–to–pixel network for underwater image enhancement and restoration[J]. IET Image Processing, 2019, 13(3):469–474.

[47] Li C, Anwar S. Underwater scene prior inspired deep underwater image and video enhancement[J]. Pattern Recognition, 2019, 98:107038.

[48] Goodfellow I, Pouget–Abadie J, Mirza M, et al. Generative adversarial nets[C]// Proceedings of the 27th International Conference on Neural Information Processing Systems – Volume 2 (NIPS'14). MIT Press, Cambridge, MA, USA, 2014:2672–2680.

[49] Li J, Skinner K A, Eustice R M , et al. WaterGAN: Unsupervised generative network to enable real–time color correction of monocular underwater images[J]. IEEE Robotics and Automation Letters, 2018, 3(1):387–394.

[50] Fabbri C, Islam M J, Sattar J. Enhancing underwater imagery using generative adversarial networks. [C]// 2018 IEEE International Conference on Robotics and Automation(ICRA), Brisbane, QLD, 2018: 7159–7165.

[51] Li C, Guo J, Guo C. Emerging from water: Underwater image color correction based on weakly supervised color transfer[J]. IEEE Signal Processing Letters, 2018, 25 (3):323–327.

[52] Zhu J Y, Park T, Isola P, et al. Unpaired image–to–image translation using cycle–consistent adversarial networks[C]// 2017 IEEE International Conference on Computer Vision(ICCV), Venice, 2017: 2242–2251.

[53] Yu X, Qu Y, Hong M. Underwater–GAN: Underwater image restoration via conditional generative adversarial network [C]// In: Zhang Z, Suter D, Tian Y, Branzan Albu A, Sidère N, Jair Escalante H. (eds) Pattern Recognition and Information Forensics. ICPR 2018. Lecture Notes in Computer Science, vol 11188. Springer, Cham., 2019:66–75.

[54] Song W, Wang Y, Huang D, et al. A rapid scene depth estimation model based on underwater light attenuation prior for underwater image restoration[C]//in: Hong R, Cheng W H, Yamasaki T, Wang M, Ngo C W (Eds.), Advances in Multimedia Information Processing–PCM 2018. Springer International Publishing, Cham, 678–688.

[55] Arjovsky M, Chintala S, Bottou L. Wasserstein GAN [J]. arXiv preprint arXiv:1701.07875, 2017.

[56] Panetta K, Gao C, Agaian S. Human–visual–system–inspired underwater image quality measures[J]. IEEE Journal of Oceanic Engineering, 2015, 41(3): 541–551.

[57] 覃学标，黄冬梅，宋巍，等. 模糊水下图像的增强混合鱼类检测方法[J]. 农业机械学报，2022(7):243–249.

[58] Bochkovskiy A, Wang C Y, Liao H. YOLOv4: Optimal speed and accuracy of object detection[J]. arXiv e–prints, 2020. https://arxiv.org/abs/2004.10934v1.

第5章 海洋大数据的可视分析技术

5.1 可视分析技术概况

在了解可视分析之前，需要先对可视分析的上层领域数据可视化有一个简单的认知。数据可视化有三个主要的研究领域，分别是信息可视化（information visualization，InfoVis）、科学可视化（scientific visualization，SciVis）与可视分析学（visual analytics，VAST，中文语境中一般直接简称为“可视分析”）。在学术界，这三个领域的顶会分别是 IEEE InfoVis、IEEE SciVis 和 IEEE VAST，合称 IEEE VIS。

信息可视化是日常生活和工作中接触最多的一个领域。它起源于统计图形学，通常用于在二维空间展示数据。最常见的信息可视化图表莫过于折线图、柱状图和饼图。

科学可视化是一个跨学科的科学研究和应用领域，其目的是将原始的科学数据表示为视觉图像，以帮助理解规模庞大并且结构复杂的科学概念或结果。它的主要应用领域为自然科学，并且物理学、化学、生物学等基础学科中的可视化研究大多与科学可视化有关。科学可视化分为二维和三维科学可视化，使用来自不同领域的技术，包括图像处理、计算机图形学、计算机视觉、信号处理、人机交互和计算机辅助设计等。

可视分析是科学信息可视化、人机交互、认知科学、数据挖掘、信息论、决策理论等研究领域的交叉融合所产生的新的研究方向。可视分析是一种通过交互式可视化界面来帮助科研工作者对大数据进行探索、分析、推理的科学与技术。它将人类智慧与机器智能联结在了一起，使得人类所独有的优势在分析过程中能够充分发挥。也就是说，人类可以通过可视化视图进行人机交互，直观高效地将海量信息转换为知识并进行推理。它的正式诞生较前两者而言略晚一些，第一届 IEEE VAST 召开时已经是 2006 年了。自此，可视分析不再是一个交叉研究的新术语，而成为一个独立的研究分支。可视分析技术是把多维数据中的有效信息和数据结构利用可视图形展示并加以分析的过程。它是理解和分析高维数据的重要手段。而现阶段多维数据的存在越来越普遍，探索有效的多维数据可视分析工具成为重要的课题。

相较于国内，国外的可视分析技术研究开始得更早，20 世纪中后期就提出了“可视分析技术”一词，通过技术人员的不断探索，国外的可视分析技术得到了巨大的发展和广泛的应用，并取得了良好的成果。我国可视分析技术相对于国外起步较晚，随着大数据时代的到来，可视分析技术在我国逐渐得到重视。根据数据类型的差异，现阶段国内外将可视分析技术分为文本、网络图、时空数据和多维数据可视分析几大类[1]。

可视分析是挖掘大数据背后隐藏信息的重要手段，旨在利用计算机高效计算能力，结合人对视觉感知的能力，使用人机交互的方式，能多方位从海量的数据中提取有用的信息，帮助人们快速、高效地了解和分析大数据背后隐藏的规律。数据可视化技术是将数据映射到图表中，展现其数据内在形式和结构的方法，这包含了选择的空间坐标，映射规则和映射的准确性，标记的像素、图标和颜色。因为数据可视化的展示并不能表达某种特定的隐喻，往往需要用户自己设计可视化结构，设计可视化结构需要在不改变原有特征之上表达数据内在的关联关系、差异，让用户易于数据认知和理解。作为一门综合性学科，可视分析与图形学、数据挖掘以及人机交互等众多研究领域紧密联系。

本章将循序渐进、简单明了地介绍可视分析的概念。

5.1.1　可视分析基本概念

传统的数据分析方法大多立足于先验知识，在解决一些具体且可预期的任务时有一定的优势。然而，依靠数据挖掘算法等手段对具有领域特性的数据做自动分析时效果往往不佳。不得不承认，可视分析很善于解决“只可意会，不可言传”的问题。

例如，互联网广告平台可以利用算法精准地向用户推送他们可能感兴趣的商品，但是总有那么一些广告投放曝光率高且消耗高，点击率等效果指标却表现不理想，甚至造成广告主的流失。那么，背后的原因到底是什么呢？有没有可能是广告主投放广告时，选择的广告定向本来就存在问题呢？在这个场景中，广告主是人，广告受众也是人，广告算法的背后却是机器。广告主在投放广告时带有主观因素，广告受众在点击广告时也带有主观因素，而机器大多时候是根据广告算法研究人员预先设定的方式进行投放和分析。假如一个广告主向非中文地区的广告受众投放了中文素材广告，人类很快就能想到这种广告效果一定不佳。但是，假设广告算法研究人员事先没有设定这一标准，甚至根本没想到广告主会有这样的操作，那机器应当也不会知道为什么这类广告会效果不佳。这时候，就需要广告算法研究人员深入地进行数据洞察（insight），发现这些问题背后的原因。在类似场景中，可视分析总是能有它的一席之地。它将人这个独特因素融入进了数据分析的流程中。通过人机交互技术，将更多的重点放在了人的意会与推理上，让人在分析任务中参与了主要的分析与决策过程。有了可视分析的支持，就能够在很多单纯依赖算法分析无法解决问题的场景中，进行可视知识发现（visual knowledge discovery），获取有价值的信息。

提出可视分析任务、构建可视分析模型、设计可视化方法、实现可视化视图、完成可视分析原型系统并进行可视分析评测，是构建可视分析系统关键的六个步骤[2]。

这六个步骤可以描述为：

（1）提出可视分析任务：描述要通过可视分析来解决哪些问题，完成哪些需求。

（2）构建可视分析模型：设计并绘制可视分析系统的架构图。

（3）设计可视化方法：从理论的角度设计多个用于完成可视分析任务的视图，包括但不限于视觉编码。

（4）实现可视化视图：选择合适的技术，将自己设计好的可视化方法分别实现出来。

（5）完成可视分析原型系统：使用多种交互技术，将可视化视图融合为系统。

（6）进行可视分析评测：对实现好的系统进行评价和测试。

其中，可视分析模型是连接前后步骤的枢纽。常见的可视分析模型基本都以1999年提出的信息可视化模型为基础。这个模型从原始数据出发，描述了人与可视化视图交互的全部流程，主要包含数据转换、视觉映射和视图转换三个主要阶段。

除了可视化视图，可视分析系统的核心要素还有用户交互。利用交互，用户可以获得与系统互动的能力，从而操作视图、理解数据，完成人与机器之间的信息交流。有专家将交互的种类归纳为七个细致且全面的分类，包括：选择（selection，标记感兴趣的数据）、导航（navigation，展示与当前不同的信息）、重配（reconfigure，展示不同的可视化配置）、编码（encode，展示不同的视图样式）、抽象 / 具象（abstraction/elaboration，展示概览或细节）、过滤（filtering，根据条件筛选并展示部分数据）和连接（connection，展示相关数据）。

1）选择

选择交互允许用户在所有显示项中对感兴趣的特定项进行标记。当视图中有许多项目并且用户仅对一些特定的项目感兴趣时，这种选择交互可以更容易地定位感兴趣的项目并且跟踪它们。在许多面向海洋和大气系统设计的可视分析系统中，选择是最为常见的一种交互技术。例如，用户可以选择感兴趣的船舶，并跟踪其移动路线；用户可以通过选择来突出语义流图中的关键节点。

2）导航

可视化的数据通常十分庞杂，因此无法在视图或用户的显示屏上对全部数据进行可视化。导航交互允许用户分析当前不可查看的项目，并更改视窗中显示的数据子集。例如，在海洋数据的可视分析系统中，导航最常用的方法是平移，用户可以利用滚动来更改时间轴，从而更改场景以显示十年的海洋气象变化或预测。

3）重配

重配，即重新配置可视化参数，允许用户更改可视系统的空间排列。排序、重对齐、重布局等都是这种交互的常见类型。海洋数据通常是多元的，重配置交互作用有助于找到数据各种属性之间的模式和相关性。例如，通过对平行坐标图的轴进行重新排序或改变散点图轴的属性，用户可以观察到数据集在不同视角的呈现，从而获得有价值的认识。

4）编码

编码交互允许用户通过改变颜色、大小和形状等各种视觉属性来更改数据的表示，也可以改变多种呈现方式来分析数据从而帮助用户从数据中获得自己的洞察。例如，对具有时变特征的海洋集合预报数据的可视化，可以通过选择不同的聚合等级、颜色尺度等来更改编码；对海洋监测网络的节点链路，可以将其可视为矩阵行表示。

5）抽象 / 具象

抽象 / 具象交互允许用户查看不同详细程度或不同级别的信息。通过将光标悬停在感兴趣的项目上来缩放或提示细节信息是常见的抽象 / 具象交互类型。这种方法可用于对海洋数据的多尺度、多分辨率分析，通过执行聚合和汇总操作来实现不同细节级别的数据显示与分析。

6）过滤

过滤交互允许用户根据特定条件查看数据子集。过滤只隐藏不满足给定条件的数据，并且一旦该条件被移除，全部数据将再次被呈现，搜索和查询是过滤交互的常见类型。对于复杂且多元的海洋数据而言，这种交互非常有用。例如，用户可以隐藏不感兴趣的航行船只，可以用一个范围滑块来指定坐标轴的值域范围，可以根据不同的参数来过滤数据等。

7）连接

连接交互允许用户查看数据项之间的关联和关系或显示与特定显示项目相关的隐藏项。连接应用在单视图中可以高亮节点连接图中选中项的关联项，应用到多视图的可视化中可以跨多个视图高亮显示所选项目。海洋数据分析系统通常由多个视图组成，使用连接技术可以突出显示不同维度（如时间、空间、不同变量）视图中所选择的项目，从而对其形成全面或综合的分析。

可视分析是大数据分析的重要方法。大数据可视分析的关键是将计算机强大的计算能力以及人完善的思维认知能力同时高效利用，以人机交互技术作为媒介，辅助人们更为直观地探索大数据背后所隐藏的模式。

5.1.2　可视分析技术在海洋领域中的应用

海洋数据的来源主要有观测设备（如卫星、传感器等）、计算机仿真（如海洋大气模型）这两个途径。这里的海洋数据主要指各种海洋环境要素，包含水温、盐度、水流、水色、气温、压力、湿度、风速、降水等。随着观测技术和同化技术的不断发展，获取海洋数据变得越来越容易，数据规模也越来越庞大。同时，海洋数据包含有规律的时空过程，并且海洋要素之间通常有一定的相关性。这些因素导致海洋数据具有异构性高、维度高、体积大、时空变化大以及多种海洋数据属性之间耦合相关的特点。所以，针对海洋复杂过程的分析是一项颇具挑战的工作。首先，海洋数据本身复杂的时空过程和多元要素的动态变化使得从这些数据中获取有价值的模式或发现海洋结构及其时空规律变得困难；同时，数据量庞大使得传统的分析方法失去可信度；其次，对海洋结构及其时空模式的探索分析目前还是局部粒度的，缺少对其时空模式的整体概览和多尺度细致的分析；最后，海洋数据还面临存储困难、计算时间复杂度高等问题，采用常规的数据约简技术可以降低数据规模，但同时容易引起数据细节甚至关键结构信息的丢失，这也使得高纬度的海洋多元要素间的关系分析面临巨大挑战[3]。

本章以下内容将针对海洋大数据的可视分析技术进行介绍，具体从对海洋环境要素的可视分析、时空数据的可视分析以及海洋特定结构的可视分析展开。

5.2　多维海洋数据可视分析技术

将具有多个维度的数据称为多维数据，探索复杂数据中隐藏的有效信息是多维数据分析的主要目的。其中，利用几何图形的方法进行多维数据可视分析是近几年的热点研究方法。在大数据时代，受限于数据本身，传统的多维数据分析方法已无法满足大数据时代下的数据分析任务。将高维数据进行降维是解决此类问题的主要研究方法，其关键思想是挖掘出从高维空间映射到低维空间的方法，并且保证高维空间中的数据结构和分布在低维空间中保持一致。现阶段常用的多维数据可视分析方法包括几何图形法、图标法、像素法、层次结构法、图结构法以及混合方法。

海洋多维数据可视分析技术的目标是在低维空间中尽可能多地展示多维数据的信息和特征，让用户可以方便清楚地理解高维数据信息。本节中主要介绍适用于海洋多维数据可视分析的常用方法，这些多维数据可视分析方法根据其原理不同主要有以下典型代表。

投影是常用的多维数据可视分析技术之一，可以同时展示多维数据的各个维度信息，应用也较为广泛。利用投影函数将不同维度的属性信息投影到图形标记中，同时利用图形标记的布局形式展示维度间的关联关系。利用投影的方法进行多维数据可视分析可以直观地反映多维数据不同维度间的相关关系，同时也可以将维度间的语义关系进行表示。

散点图适用于分析维度有限的多维数据，不适用于同时展示所有维度的需求任务。传统的二维散点图是根据需求把多个维度中的两个维度通过映射函数将属性值映射到二维平面中，并在二维平面中通过如尺寸、颜色、形状等视觉元素间接反映其他维度属性。

平行坐标技术是研究多维数据的重要手段，它主要是通过将维度和平行坐标轴之间建立映射关系，将轴上的属性数据通过曲线或直线的形式相连接，在展示数据值的同时也可以反映数据维度间的关联关系。随着数据量和维度的增加，平行坐标中的数据线会存在覆盖和密集等情况，不利于分析者直观地进行观察。为解决这一问题，研究者提出将平行坐标间的数据线通过聚类的形式进行简化，形成分析者便于观察的聚簇，使图形结果更加直观。

5.2.1 投影

MDS（multiple dimensional scaling）[4]是一个典型的投影降维算法，是解决数据高维维数的有效手段，即通过数学变换将原始高维属性空间转变为一个低维的子空间。MDS 算法是一种行之有效的低维嵌入算法，即在保障原始空间与低维空间数据之间的相似性一致的前提下，将高维数据进行降维。

算法原理如下：假设有 n 个样本，其样本空间的表达方式如下

$$T=\{x_1,x_2,x_3,\cdots,x_n\}\ x\in R^d \tag{5-1}$$

令 D 表示样本间的距离，其中 $x\in R^{n\times n}$，其中第 i 行第 j 列的元素 $dist_{ij}$ 为样本 x_i 到样本 x_j 之间的距离。矩阵 D 是一个关于斜对角线对称的矩阵。MDS 算法的目的是在不改变样本间距离的前提下，实现数据降维，故最终要得到样本在 d' 中的表示 $x\in R^{d'\times n}$，$d'\leqslant d$，且任意两个样本在 d' 维空间中的欧氏距离等于原始空间中的距离，即 $\left\|z_i-z_j\right\|=dist_{ij}$。

令 $B=Z^TZ\in R^{n\times n}$，其中 B 为降维后样本的内积矩阵，其中 $b_{ij}=Z^TZ$，MDS 算法用于计算高维数据在低维空间表达，L 代表损失函数，表示原始空间与低维空间的差异，通过最小化损失函数 L 来得到原始数据在低维空间的表达，损失函数 L 如下：

$$L=\frac{1}{n^2}\min\sum_{i=1}^{n}\sum_{j=i+1}^{n}\left(\left\|x_i'-x_j'\right\|-D(x_i,x_j)\right)^2 \tag{5-2}$$

式中：x_i'、x_j'分别表示在低维空间内数据 i 与 j 的空间向量；$\left\|x_i'-x_j'\right\|$代表低维空间的距离。

MDS 算法的优点：将高维坐标中的点投影到低维空间中，可以展示原始数据在低维空间的分布，并且保持数据彼此之间的相似性尽可能不变，可视化效果比较好，不需要先验知识，计算简单。

MDS 算法的缺点：若用户已掌握了先验经验，了解了数据的一些基本特征，无法通过分配权重的方式进行加权，这会导致后期的效果不如预期效果。MDS 算法默认各维度对目标的贡献相同，但事实上某些维度对目标的影响很小，有些对目标的影响比较大。

Iris 数据集[5]是最常见的分类实验数据集，也称鸢尾花卉数据集，是一类多重变量分析的数据集。数据集包含 150 个数据样本，分为 3 类，每类

50 个数据，每个数据包含 4 个属性。可通过花萼长度、花萼宽度、花瓣长度、花瓣宽度 4 个属性预测鸢尾花卉属于（Setosa，Versicolour，Virginica）三个种类中的哪一类。Iris 以鸢尾花的特征作为数据来源，常用在分类操作中。该数据集由 3 种不同类型的鸢尾花的各 50 个样本数据构成。其中的一个种类与另外两个种类是线性可分离的，后两个种类是非线性可分离的。

该数据集包含了 4 个属性：① Sepal.Length 表示花萼长度，以 cm 为单位；② Sepal.Width 表示花萼宽度，以 cm 为单位；③ Petal.Length 表示花瓣长度，以 cm 为单位；④ Petal.Width 表示花瓣宽度，以 cm 为单位。

3 个种类分别为：Iris Setosa（山鸢尾）、Iris Versicolour（杂色鸢尾）、Iris Virginica（弗吉尼亚鸢尾）。图 5-1 展示了将 Iris 数据集从四维投影到二维空间，可以看出，MDS 投影之后的精度还是比较令人满意的。当然，现在已经有针对 MDS 的很多改进的版本。

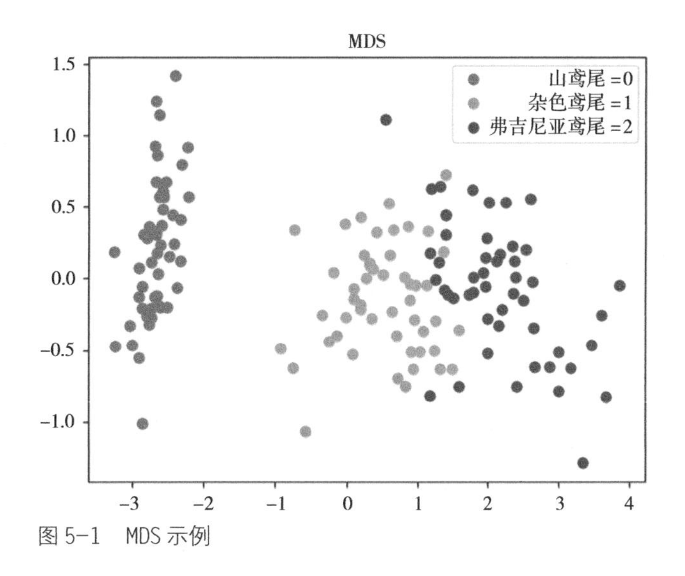

图 5-1　MDS 示例

5.2.2　散点图

散点图也是多维数据可视分析的常用方法之一，传统二维散点图的主要思想是把多维数据集中的其中两个维度通过映射函数投影到两条轴，然后利用这两条轴确立二维投影平面，再在这个平面中用便于观察的视觉元素间接地展示多维数据其他属性值，现阶段视觉元素可以由不同的尺寸、形状或颜色等表示。但随着数据维度的增加，二维散点图在展示多个维度信息上的局限性也逐渐明显[6]。

散点图是在二维平面上展示多维数据的维度信息。在有限维度内，散点图可以直观地挖掘出隐藏在多维数据中的有效信息。作为多维数据可视分析的一种重要手段，散点图可以通过直观的图形形式展示多维数据集合，该方法同时具有有效的降维能力，其原理是利用笛卡儿坐标将降维后的多维数据进行点状图形展示，在清晰地展示多维数据属性间关系的同时还可以通过图形观察到多维数据的主要信息。但传统的散点图需要把多维数据维度降至三维或二维空间，当数据维度超过四维时，散点图的分析将难以得到有效的结果。

为了解决二维散点图在高维数据中存在的局限性，研究者提出将散点图进行扩充，即散点图矩阵。散点图矩阵由单个散点图拼接而成，散点图中一组一组的点表示多维数据的值，散点图中点的位置就代表值的大小。多维数据中属性间的关系可以通过散点图矩阵的分布情况表示，因此，散点图矩阵在多维数据可视分析领域中广泛应用。在散点图矩阵中，分析者可以便捷地观察到 N 维数据集中属性间的关联关系，如分析者需要对第 x 和第 y 个属性进行分析，则可以在散点图矩阵中观察第 x 行第 y 列的散点图，该方法对于多维数据维度的分析至关重要。

散点图在分析多维数据集合上具有多个优点，主要包括以下几个部分：其一，分析者可以直观地研究散点图中各个点的分布状态，经过对多维数据集合利用散点图降维后可以得到总体的数据分布信息，同时根据点的分布状态可以初步探究多维数据各属性间的关联关系，从而为分析者提供更好的服务，辅助分析者进行正确的决策；其二，散点图有较高的适用性，对离散、连续数据均适用，同时可以迅速对数据集合进行分析和预览，方便快捷；其三，利用散点图进行数据展示时分析者可以快速发现数据中存在的异常点，对于特点明显的异常数据，分析者可以逐个排查；其四，散点图的绘制方法简单且易于用户操作，分析者可以从散点图中方便快速地挖掘出隐藏在多维数据中的有效信息[7]。

随着数据形式逐渐复杂，利用散点图进行多维数据可视分析时也存在一定的局限性，主要归纳为以下几个方面：其一，散点图可以将多维数据投影到三维或二维空间，当数据维度很大时无法有效地表示；其二，在对多维数据集合分析时，若数据集合足够大，投影到散点图上的数据点将会密集且重叠出现，混淆分析者的视线造成用户不能充分对多维数据集合进行观察分析和理解，这样给用户造成了很大的困难；其三，散点图建立在三维或二维坐标系中，数据用散点图中的点表示，但如果不对这些点进行处理，多维数据在散点图中展示的结果将区分不了数据间的类别，这将导致散点图在数据多维度分析上存在缺陷。

为了解决散点图在进行多维数据可视分析时存在的缺陷，已经有很多方法针对其散点图进行了改进，在提高多维数据可视分析效果的同时，有效提高了用户进行数据分析时的效率。

同样以 Iris 数据集为例，利用散点图（图 5-2）可以清晰看出花瓣宽度和花瓣长度的关系。

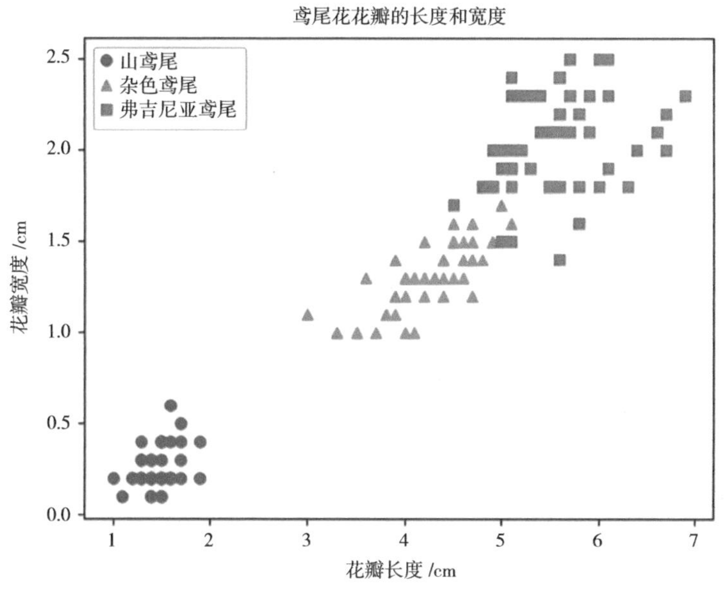

图 5-2　散点图分析维度关联性

5.2.3　平行坐标

作为多维数据可视分析的一种关键技术，平行坐标利用一组相邻且平行的纵向坐标轴表示多维数据的不同属性数据，解决了笛卡儿坐标难以展示多维数据且空间易被耗尽的问题，利用坐标轴上的点代表变量值，将不同属性值在坐标轴上代表的点用曲线或折线连接，可有效反映不同属性间的相关关系和变化形式。因此平行坐标实际上是将欧氏空间中的点 X_i（x_{i1}，x_{i2}，…，x_{in}）通过映射函数变换成一条曲线并投影到二维平面上。平行坐标可以直观展示多维数据的各个属性，同时因为该方法数据基础良好，在映射过程具备良好的对偶性和几何解释，因此平行坐标比较适用于对多维数据进行可视分析[8]。

在绘制平行坐标时，其思想是在二维平面上利用相邻的纵坐标轴表示多维数据不同的属性，属性值的最大值和最小值在坐标轴上均匀分布，每个数据项由不同坐标轴上的点连接成线段，可以得到一条连接了 n 条坐标轴的折线，而具有相似模式的数据线会具备相似的线段走势。

在笛卡尔坐标中，由 y 坐标轴为起点，将点 x_1，x_2，…，x_n 等距离划分，并以这些等距离的点作为标记做垂直于 x 轴的线段，由此可以得到与 y 轴正方向相同的一组 N 维空间 R^N 中的平行坐标轴。P 为 N 维空间 R^N 中的一条折线，即笛卡尔坐标系（c_1，c_2，…，c_n）中的属性值，该折线共有 N 个顶点，这些点分别在 x_i 轴上的（i–1，c_i），其中 i=1，2，…，N，即顶点和 R^N 中的点在轴 x_1，x_2，…，x_N 上建立了完全对应的关系。也就是说 R^2 上的子集是 R^N 空间通过映射函数得到的映射结果，建立了一个从 $2^{R^N} \to 2^{R^2}$ 的映射。此外，在欧氏空间上需要用小写字母代表弧线或曲线，利用大写字母代表点，对应符号上添加一个横线可以表示平行坐标中的点或线。

在绘制平行坐标时，从点开始，用 M（A，B）表示笛卡尔坐标系中的点，通过函数将点 M 映射到平行坐标中，如图 5–3 所示，在笛卡尔坐标系中的点通过映射可在平行坐标系中成为一条直线。

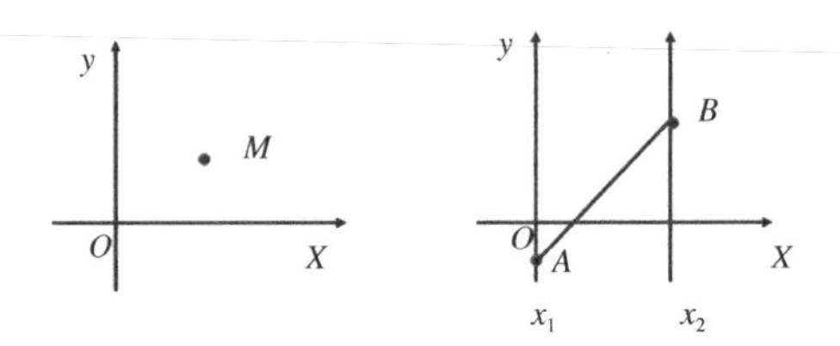

图 5–3　平行坐标绘制原理

平行坐标技术是多维数据可视分析过程中最常用到的方法之一，它在展示和分析多维数据上有其独特的优点。其一，将多维数据值用平行坐标展示时，没有对初始数据进行归一化之外的变形操作，也没有对多维数据进行降维，最大限度保留了初始数据的真实性和完整性，避免数据丢失；其二，平行坐标图以二维空间的形式展示，便于分析者直观地将高维空间中的复杂数据结构转换为低维空间，易于理解分析；其三，平行坐标技术较为成熟，易于实现，分析者可以自行对其进行简单操作，帮助分析者提高挖掘多维信息的效率。

但随着数据量的增多和数据维度的增加，传统的平行坐标技术在进行多维数据可视分析时存在一定的局限性[9]：其一，当数据量非常大时，在平行坐标轴间的折线数量也随之增加，此时，线段间会出现大量遮盖重叠等情况，混淆分析者的视线，不利于直观地对多维数据进行探究；其二，利用平行坐标展示多维数据时，平行坐标轴的排序是不确定的，而平行坐标轴中折线的走势和坐标轴的排序是密切相关的，若不能找出合适的排序方式，表示多维数据的折线将变得杂乱无章，将对分析者视觉感知和分析理解造成很大的困扰；其三，传统平行坐标的设计缺少用户交互操作，分析者往往只能根据平行坐标展示的初始图形结果对多维数据进行分析，不利于分析者进行深入探究；其四，平行坐标将多维数据的不同属性通过等间距的形式展示在二维空间上，对于维度关系以及各维度信息的展示存在一定的缺失，不利于分析者通过可视化的图形结果对多维属性间的维度关系进行判断和理解。

可以利用平行坐标对海洋浮标监测环境数据进行展示，如图 5-4 所示，每个轴代表一个时间点，为了反映数据的变化趋势和要素间的相关关系，将多要素数据按照不同的时间节点排列在一系列相互平行的坐标轴上，将描述不同要素的各点连接成折线。通过平行坐标可以清晰观察到每个要素在不同时间节点上的趋势及变化差异。

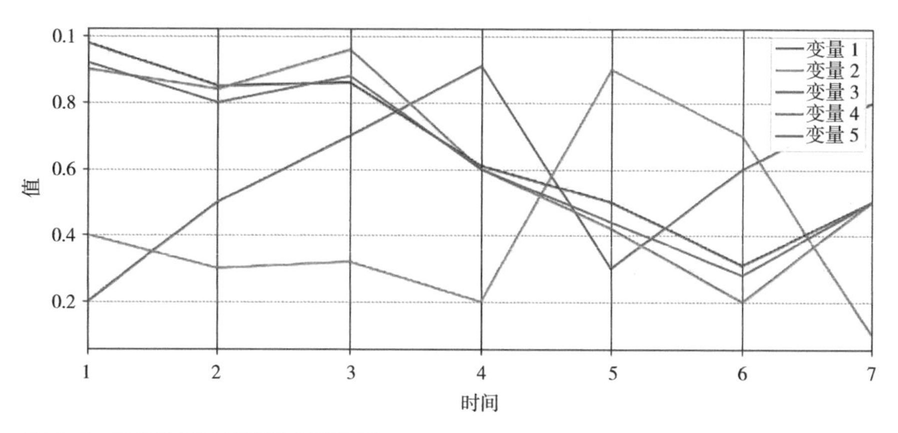

图 5-4　平行坐标展示海洋监测数据

5.2.4　聚类

聚类被称为预测任务，许多应用程序在没有可用的标记数据的情况下会使用聚类。由聚类创建的模型无法推广，因此，选择合适的相似度度量和验证被认为是聚类的主要挑战。聚类配置、评估和探索是可视化分析中的常见任务。本节以密度聚类为例，讲解聚类分析方法。

DBSCAN（density-based spatial clustering of applications with noise）是用来描述数据分布的算法[10]，其中有两个核心的参数ε和MinPts，DBSCAN将簇定义为密度相连的样本的最大集合，能够将密度达到阈值的样本区域划分为簇，不需要指定簇的数量，并且不受噪声影响。

密度聚类的原理：给定一组数据集$D=\{x_1,x_2,x_3,x_4,\cdots,x_{n-1},x_n\}$，有以下的定义：

（1）ε-邻域（Eps）：对$x_i\in D$，其ε-邻域包含D中与x_i的距离不大于ε的所有样本，其中N_ε（x_j）代表子样本的个数，公式表示为

$$N_\varepsilon(x_j)=\{x_i\in D|dist(x_i,x_j)\leqslant\varepsilon\} \tag{5-3}$$

（2）核心对象：对于任一样本$x_i\in D$，如果其ε-邻域对应的N_ε（x_j）至少包含MinPts个样本，即如果$|N_\varepsilon(x_j)|\geqslant$MinPts，则$x_j$是核心对象。

（3）密度直达：如果x_i位于x_j的ε-邻域中，且x_j是核心对象，则称x_i由x_j密度直达。注意：反之不一定成立，即此时不能说x_j由x_i密度直达，除非且x_i也是核心对象。

（4）密度可达：对于x_i和x_j，如果存在样本序列p_1，p_2，p_3，…，p_T，满足$p_1=x_i$，$p_T=x_j$，且p_{T+1}由p_T密度直达，则称x_j由x_i密度可达。也就是说，密度可达满足传递性。此时序列中的传递样本p_1，p_2，p_3，…，p_{T-1}均为核心对象，因为只有核心对象才能使其他样本密度直达。注意：密度可达也不满足对称性，这个可以由密度直达的不对称性得出。

（5）密度相连：对于x_i和x_j，如果存在核心对象样本x_k，使x_i和x_j均由x_k密度可达，则称x_i和x_j密度相连。注意：密度相连关系满足对称性。

DBSCAN的聚类思想：DBSCAN算法先任选数据集中的一个核心对象作为种子，创建一个簇并找出它所有的核心对象，寻找合并核心对象密度可达的对象，直到所有核心对象均被访问过为止。

DBSCAN的簇中可以少包含一个核心对象：如果只有一个核心对象，则其他非核心对象都落在核心对象的ε-邻域内；如果有多个核心对象，则任意一个核心对象的ε-邻域内至少有一个其他核心对象，否则这两个核心对象无法密度可达；包含过少对象的簇可以被认为是噪声。

密度聚类的优点有：①密度聚类不局限于数据集合的分布情况，不同于传统的K-Means聚类算法只适用于凸数据集；②可以在聚类的过程中发现异常点，符合对海洋异常模式的分析；③聚类结果往往比较稳定，受数据集合的影响较小，如K-Means聚类结果受到初始值的影响。

密度聚类的缺点有：①若数据集的密度不均、聚类间距相差很大，此时聚类效果较差，DBSCAN 聚类一般无法解决这类样本的聚类问题；②密度聚类的时间复杂度高，当样本数量较大时，算法收敛时间较长；③密度聚类有参数的限制，不同的邻域值 ε 和最小密度样本数 MinPts 对最后的结果有较大影响，会影响可视化效果，主要涉及邻域样本数阈值 MinPts 和距离阈值 ε 参数的调节。

图 5-5 为某海域海洋环境要素的聚类结果，看出多维浮标监测数据各属性在 1—3 月间属性的稳定性较强，相邻时间节点上属性的类簇相同。

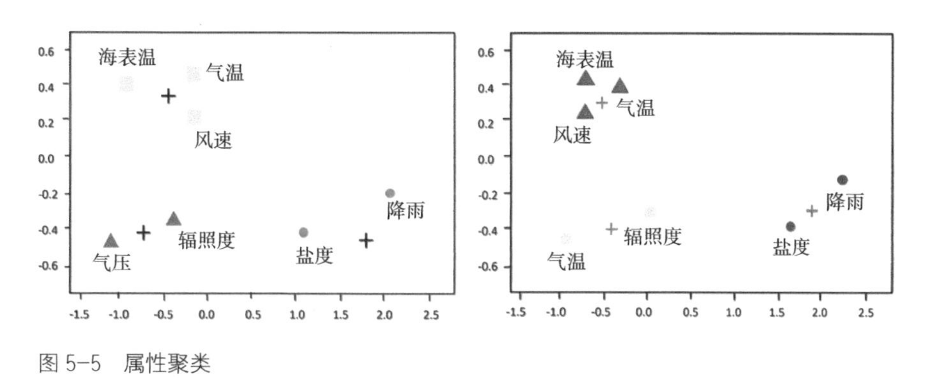

图 5-5　属性聚类

聚类算法是机器学习领域最常见最重要的算法之一，除了本节提到的密度聚类，还包括 K 均值聚类、层次聚类、均值漂移聚类等多种方法，这些方法都有其独特的地方，本节不再一一阐述。

5.3　海洋时空数据可视分析

海洋数据是典型的多要素时空数据，常见的海洋多要素时空数据可视分析是针对多个标量（如海表温、气温、风速、盐度等）的变化展开研究的。有学者设计了一个水质研究的可视分析系统，系统通过 3D 可视化，用户可选二维剖面和断面，实现了对水流方向、大小、温度和盐度的多视图协同交互式可视分析系统。韩冰等[11]开发了一个全球海洋涡旋分析系统，在时序上对涡旋的大小、深度可视化。贺琪等[12]提出一种多视图协同海洋多要素数据相关性的分析方法，提出对数据相关性的衡量新方式，消除不同刚量，通过投影计算，实现了数据相关性在时序上良好的量化表达。

随着数据维度的增多，时空数据高维性特点也已成为重要的研究对象。按照可视化表达方法的类型不同，研究者们使设计的系统可以分为静态可视化和动态可视化。流式地图以及时空立方体是典型的动态可视化技术[13]。

5.3.1 静态可视化

静态可视化的本质是使用静态图标来显示数据的时间和空间信息。传统地图和各种统计专题地图都使用这种方法来表达地理实体。在静态可视化中，可以使用一些特殊的方法来表达时间信息，例如使用一系列不同时间的静态地图通过比较来显示时空现象的动态变化，或者使用视觉变量的韵律排列来给用户一种运动感等[14]。

使用静态方法表示时空数据的优点是易于实现，这可以通过使用传统的地图可视化方法来实现。然而，它只能表达时空现象的简单而单一的变化，不能自然地反映地理实体的复杂运动变化。此外，用户很难从时间序列图中感知整体时空信息，他们需要付出大量的认知推理努力来理解地图中包含的时空信息。一般是以二维地图上叠加可以描述时间变化的要素，来描述时空属性数据与空间范围内的变化特征。这些用于表达时空属性数据的要素可以通过不同的符号、注记、标绘符号、统计图表等多种方式来表达，也可以将多个时间的专题地图同时展示进行对比。例如在图 5-6 中，将某年全球海温平均值通过统计图表这种静态的方式表达出来。

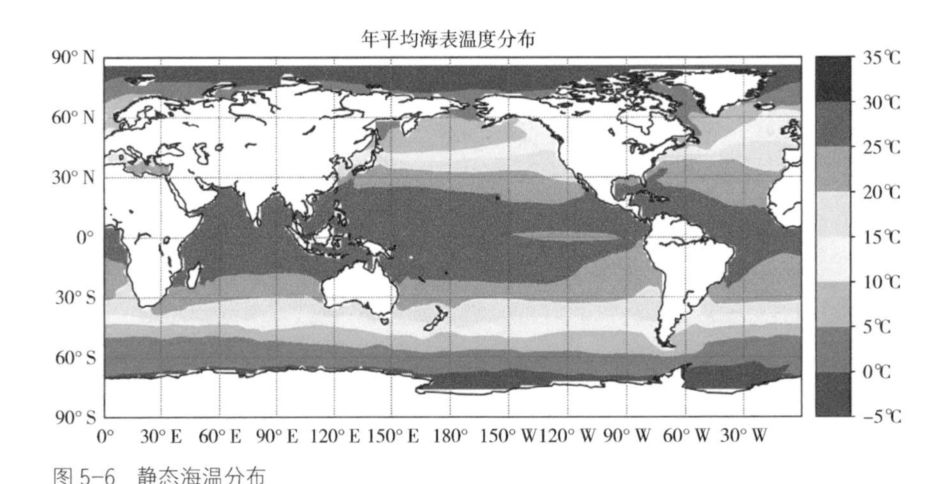

图 5-6 静态海温分布

5.3.2　动态可视化

动态可视化是指利用各种动态符号、计算机动画技术、虚拟现实等技术，通过交互手段生成动态图片来表达时空地理信息。地理实体本质上是不断运动的，动态变化是地理实体的本质特征。因此，通过动态可视化表达时空数据，不仅可以直观地模拟和再现各种地理实体的动态变化，还可以帮助用户探索实体变化的内在规律，提高分析和合成地理信息的能力。

动态可视化可以使用动态地图、三维 GIS 和其他手段来显示时空数据。在动态地图或三维场景中呈现时空数据可以直观、形象地表示各种空间信息的变化过程。

5.3.3　时空数据可视化的实现技术

由于可视化技术的落后，早期的时空数据可视化主要是在二维平面上使用地图对二维静态数据进行可视化。随着计算机显示技术以及图像图形学的发展，对时空数据进行可视化越来越趋向于在高维空间中完成。表达方式也越来越多样化，并且不再局限于静态表示。其间，可视分析发挥着重要的作用。时空数据的可视化技术主要包括二维地图可视化技术、三维仿真可视化技术、多媒体表达技术、虚拟现实技术和地图动画技术等[14]。

1）二维地图可视化技术

二维地图使用二维地图符号，如点、线、多边形和注释，抽象地表示空间单元的空间分布和属性。这种显示的缺点很明显，例如：结果不直观，表达内容有限。虽然二维地图在空间数据可视化方面有许多不尽如人意的地方，但它们简单、易于获取，并具有完善的理论支持。因此，大多数空间数据可视化产品都是二维平面地图。

2）三维仿真可视化技术

三维仿真可视化是利用现有的二维地图数据，通过添加少量空间信息，将真实环境中的主要实体表达成简单的几何形状，形成一定直观的三维地图。如果将纹理图像粘贴到这些几何形状上，将形成一定保真度的三维模拟图。三维仿真可视化可以直观、真实地反映现实世界中地理实体的三维特征。用户可以交互式地改变视点位置、视角、旅行路线等参数，从不同角度和侧面观察三维实体，从而实现对空间实体的全面理解。另外，三维仿真技术和动画技术的结合还可以动态模拟空间对象随时间的形态变化。

3）多媒体表达技术

多媒体技术的出现和应用从根本上改变了传统计算机单一媒体传输空间信息的问题，开发了集文字、图形、声音和图像、视觉、听觉和触觉于一体的新型信息处理模式，使空间信息的计算机处理成为多媒体，使人类能够通过计算机真实、直观、自由地获取空间环境信息，真正实现了空间地理信息的可视化。这种集文本、图形、图像、声音和视频的空间信息表示方式已明显被人们所接受。它充分利用计算机多媒体信息的处理功能，可以直观、完整、灵活、方便地向不同的用户提供空间地理信息，从而最大限度地提高空间信息可视化的效果。

4）虚拟现实技术

虚拟现实技术能够创建和体验虚拟世界。通过虚拟现实技术已不再是建立单纯的数字信息空间，而是包含各种信息的多维信息空间。人类的感性认识和理性认识能力在这个多维信息空间中得到充分发展。虚拟现实是计算机技术与思维科学相结合的产物，已经发展到一定的水平，它为人类认识世界开辟了一条新的途径，为时空信息的可视化提供了一种新的形式。

5）地图动画技术

地图动画，又称“动画地图”或“动态地图”，是继计算机动画技术引入地图学之后，一种新的时空数据可视化手段。它是指将时空数据存储在计算机内存中，然后利用计算机动画和计算机先进的显示技术，根据时间发展规律，从不同角度动态显示，使用不同的方法来表达地理实体随时间的动态变化过程。

另外，研究者还提出利用数据属性展示信息对象在时间和空间中的一系列变化。其中，流式地图[15]是较为常用的时空数据可视分析方法，该方法将地图和时间流事件相互融合，可有效地展示时空数据在时间和空间维度上的关系模式，但随着数据的规模逐渐增大，地图中会出现覆盖、交叉等问题，对分析者探究分布模式有较大的影响。传统的流式地图面临着巨大的挑战，同样是时空数据可视分析面临的主要问题。研究者提出借鉴大规模网络图的边捆绑问题来解决这一问题。此外，利用密度计算的方法对事件进行融合也是解决此类问题的方法。

时空数据可视分析在二维平面上存在一定的局限性。时空立方体方法[16]利用三维空间将事件、时间、空间进行直观展示；维度融合也是突破二维平面局限性的方法，该方法将二维与三维空间的信息进行融合，可以有效展示时空信息。通过堆积图对多维属性信息进行了拓展，但是当时空数据维度较高时，利用三维空间对时空数据进行分析仍存在局限性，从而时空数据可视分析方法在多数情况下都会和多维数据可视分析方法相互融合。

5.3.4　海洋结构可视分析

可视分析技术在探索海洋现象的时空特征模式上也发挥着积极作用，最常见的是应用在分析涡旋以及海洋锋等海洋结构的时空演变问题[17]。海洋结构所呈现出的海洋环境要素通常是高纬度，多尺度并且维度之间相关极强的。这也给分析海洋结构的时空特征带来了很大的挑战。从本质上讲，对海洋结构的可视分析，也是对海洋环境要素进行可视分析，只不过，特定的海洋结构往往对大陆气候有着重要的影响。例如，与正常年份相比，厄尔尼诺现象将导致全球降水量显著增加。这将导致中太平洋、东太平洋和南美洲太平洋沿岸国家频繁发生洪水。与此同时，印度、印度尼西亚和澳大利亚将遭受严重干旱，世界上许多作物将受到影响。厄尔尼诺对中国的影响：在厄尔尼诺发生的那一年的冬天，中国经常有一个温暖的冬天；在它发生的那年夏天，中国的主要雨区发生在黄河以南，长江中下游多雨，导致洪水，黄河和华北干旱。拉尼娜将伴随厄尔尼诺而来，拉尼娜现象将出现在厄尔尼诺现象的第二年，有时拉尼娜现象会持续两年或三年。一些科学家认为，由于全球变暖的趋势，拉尼娜现象有减弱的趋势。拉尼娜现象对中国的影响：当拉尼娜事件发生时，中国的气温下降，往往伴随着寒冷的冬季气候。在拉尼娜现象中，中国夏季 80% 的主要雨带相对偏北，从华北到河套多雨。“厄尔尼诺”和“拉尼娜”现象是影响中国气候异常的强烈信号，但它只是影响中国气候变化的主要因素之一。气候变化与人类生活密切相关，掌握气候变化规律，提前做好准备和预防工作，将对促进人类可持续发展发挥良好作用。另外，对一些常见的海洋现象进行分析也可以很好地预测台风等极端天气。

为此，有研究者将可视分析应用于海洋现象的分析中，例如，一个涡流检测、跟踪、事件检测的可视分析系统被设计，可以用来检测涡流与洋流之间的相互作用。还有学者针对全球的海洋涡旋设计了一个可视分析系统，该系统利用折线图等传统图表来可视化涡旋的尺度。应用可视化分析技术更好地提高复杂海洋数据的分析结果，需要大量科学家进行探究[17]。

5.4 海洋大数据可视分析案例

在海量的海洋环境数据面前，现阶段的主要任务是对海洋事件进行预报预测，而海洋环境数据多维属性这一特点决定了海洋事件是由各海洋要素相互作用产生的，因此，对海洋数据各个要素进行处理分析以及挖掘要素间的相关关系成为海洋领域的研究重点。结合海洋数据的特点，传统的数据分析方法在多维度分析上存在很大的局限性，从而需要提出创新性的方法对海洋环境数据进行进一步的研究。

传统的海洋环境数据可视化分析方法可以如下归类：矢量场中应用广泛的几种方法分别是拓扑法、几何法、图表法、纹理法；标量场中应用广泛的几种方法分别是大规模体制法、实时光照、多变量提取等。传统海洋环境数据分析方法在很多领域取得了一定成果，但随着我国全方位海洋监测网的形成，海洋环境数据量呈指数型增长，同时其数据形式变得更加复杂，传统的海洋环境数据分析方法在这种背景下面临着巨大的挑战。为此，研究者提出通过可视分析的方法进行海洋数据背后有效信息的挖掘，通过可视化的图形展示，分析者往往可以一眼洞察复杂的数据信息，可视分析的方法已然成为分析海洋环境数据的重要手段。然而，随着海洋数据维度的不断增高，对现阶段可视分析方法提出了更高的要求：一是要保证数据的真实性，数据的真实特性要在分析过程中反映出；二是要将海洋环境数据中各要素间的关联关系进行深入挖掘。考虑到上述两点，传统的海洋环境数据可视分析方法已不再适用。

随着海洋观测和监测技术发展，海洋多要素数据呈现数量级的增长，是典型的时序大数据，具有多要素、长时序、时空特征明显的特点。分析海洋时序数据，从而发现异常特征或模式，挖掘异常背后对应的自然现象，对海洋数据的研究具有重要意义。利用可视分析方法挖掘时序数据的异常模式是研究时序数据的重要手段。现阶段，用于时序数据异常模式发现的可视分析方法包括：直接投影法，如 PCA、Glyph 等；聚类法，如最小生成树等；机器学习方法，如 SOM、GMM、OCCRF 等。但上述方法不能很好表达多要素数据叠加后在时序上的变化特征。

传统可视分析方法多侧重于分析单要素数据的时序变化模式，但海洋现象的发生通常在多个环境要素上都有体现，仅对单个海洋要素进行模式分析不足以准确捕捉海洋现象的全部特征，需要针对海洋多要素时序数据的异常模式提出有效的可视分析方法：一方面，要可以反映叠加后的多要素数据在时序上的变化特征，方便发现多要素数据叠加后的异常模式；另一方面，在对发现的异常模式进行解读时，需要方便展示原始数据各个要素的具体信息，探究多要素数据的相关性。

为了克服传统可视分析技术面对海量多维海洋环境数据时的缺陷，本节介绍一种基于多视图的海洋多维数据关联关系分析方法。为了增强分析者的视觉认知功能，该方法同时引入平行坐标图以及散点图对海洋环境数据各属性值进行可视化展示；然后将可视化图形中线段间的角度、面积以及点间的距离作为数据差异度量依据，将海洋环境数据各要素间的差异充分展示；再利用降维算法将多维度的海洋环境数据不同要素投影在二维平面上，利用投影后要素点间的距离表示海洋环境数据各要素间的关联关系；最后利用聚类算法将二维平面上的要素投影点进行聚类，将海洋环境数据各要素间的关联特征更加清晰地展示出来。实验结果表明：该方法具有清晰的数据展示能力和数据分析能力，同时可以有效地对多维数据各维度关联关系进行分析。

为解决异常模式难以发现的问题，本节还介绍一种多要素协同可视分析的解决方法。该方法针对海洋环境多要素时序数据，利用时序 MDS 算法计算得到时序 MDS 聚类视图，表达多要素数据叠加后在时序上的变化特征，可用于发现叠加后的异常模式。为了进一步解释时序 MDS 聚类视图中发现的异常模式，引入了多要素信息熵视图，用以补充揭示异常模式中每个要素在时序上的变化趋势，以及每个要素与异常模式出现的相关性大小。但信息熵视图不能反映数据内部的变化幅度，为了进一步分析数据具体变化和发现要素之间的相关性，用户可以选中时序 MDS 聚类视图中异常模式对应的时间，将原始数据投影到焦点区域平行坐标视图中。

5.4.1　案例 1——基于多视图的多维数据关联关系分析方法

为了研究多维海洋监测数据各属性间的相关关系，本案例以月份为单位选取浮标监测数据。该数据包括气温、气压、风速、降雨、海温、盐度、下行辐照度这七个要素，再把选取的月数据划分为四个周，得到浮标监测数据在四个时间节点上的平均数据。

由于浮标监测数据不同属性的量级不同，需要将实验数据进行归一化处理。将归一化后的海洋浮标监测数据用平行坐标的形式展示，7 个属性由七条折线代表，即 id 从 0 至 6 分别表示气温、气压、降雨量、盐度、海表温、风速、下行辐照度。图 5–7 为利用平行坐标展示的浮标监测数据，其中，图下侧为数据栏部分，用于对数据的具体展示；图上侧是平行坐标轴可视展示部分，坐标轴分别代表不同的时间节点和属性 id；7 条折线表示由不同时间节点同一属性值连接成的要素线，结合下侧的数据栏，浮标监测数据得到了较为直观的展示。

在平行坐标中，由于加入了轴排序功能，分析者可以通过移动代表时间节点的坐标轴来得到新的数据分布。如图 5–8 所示，通过移动坐标轴将四个时间节点进行重新排序，此时会发现平行坐标轴上 7 条折线的交叉复杂度大于原始排序，由此可以初步判断浮标监测数据维度间的相关关系会随着时间的迁移发生改变，即平行坐标轴间线段的复杂度在一定程度上可以反映属性在不同时间节点上的相关性。分析者可以通过对时间轴的自定义排序来初步探究浮标监测数据维度相似性在不同时间节点上的变化。

除轴排序外，还添加了数据选取和滑块等功能，分析者可以通过选取数据栏中的数据或者利用滑块选择平行坐标轴上感兴趣的数据，经过选择的数据将在平行坐标中突出显示，用户可以更直观地发现选取特殊数据的变化趋势和分布状态。如图 5–9 所示，突出显示的线段是经过在数据栏中选择的 id 为 3 的降雨量，适用于当折线密集时对特定数据的独立观察。

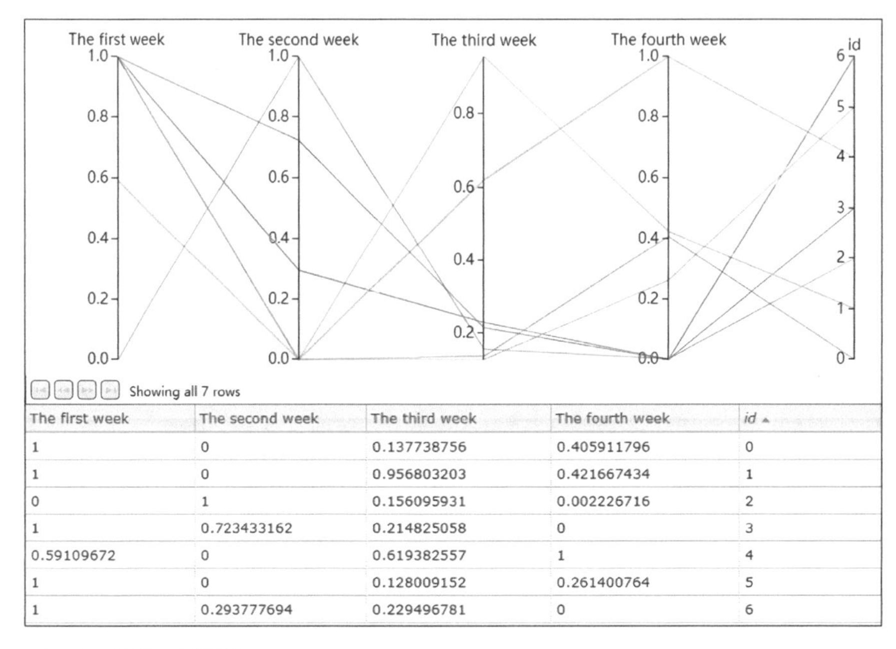

The first week	The second week	The third week	The fourth week	id ▲
1	0	0.137738756	0.405911796	0
1	0	0.956803203	0.421667434	1
0	1	0.156095931	0.002226716	2
1	0.723433162	0.214825058	0	3
0.59109672	0	0.619382557	1	4
1	0	0.128009152	0.261400764	5
1	0.293777694	0.229496781	0	6

图 5–7　平行坐标视图

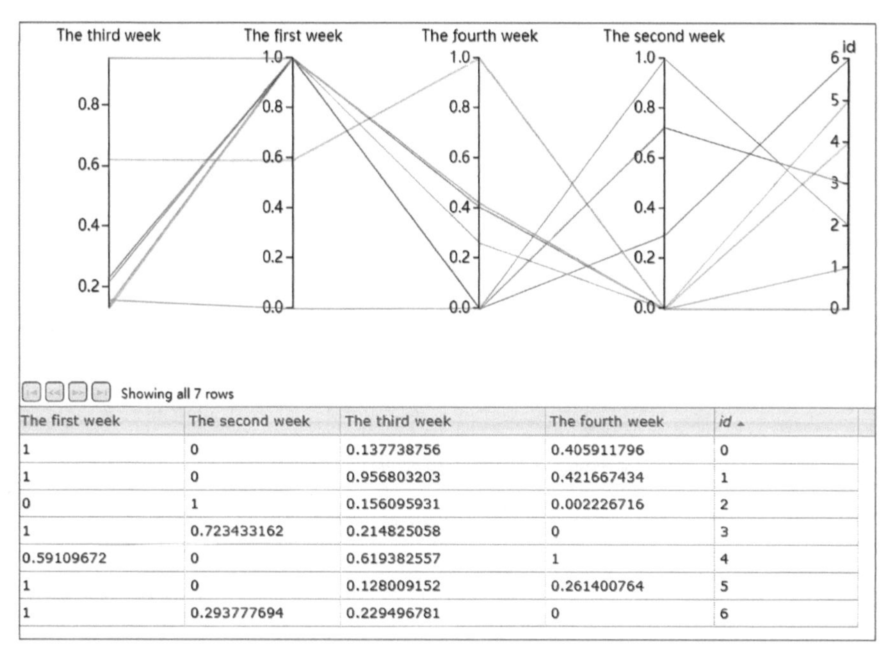

The first week	The second week	The third week	The fourth week	id
1	0	0.137738756	0.405911796	0
1	0	0.956803203	0.421667434	1
0	1	0.156095931	0.002226716	2
1	0.723433162	0.214825058	0	3
0.59109672	0	0.619382557	1	4
1	0	0.128009152	0.261400764	5
1	0.293777694	0.229496781	0	6

图 5-8　轴排序功能

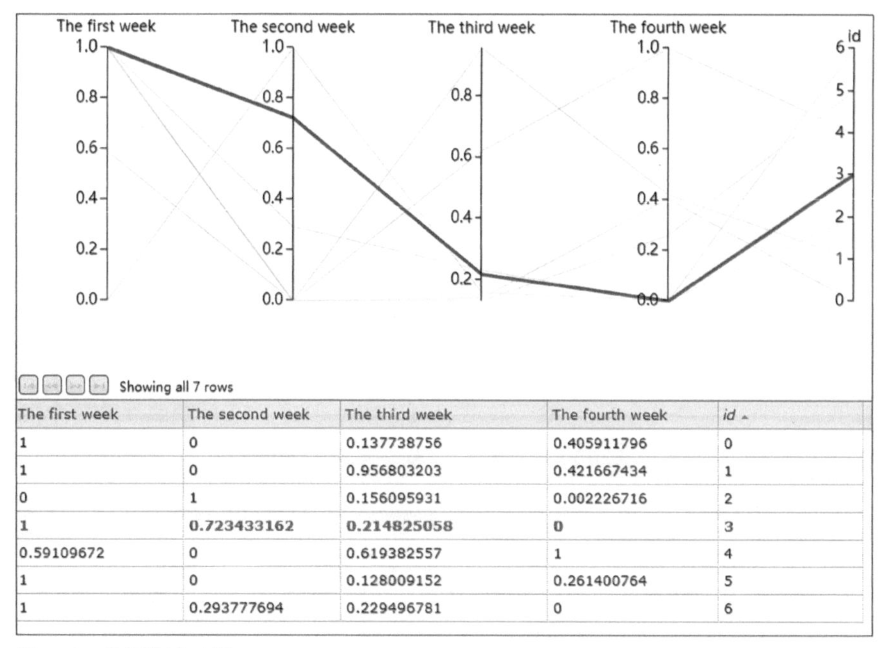

The first week	The second week	The third week	The fourth week	id
1	0	0.137738756	0.405911796	0
1	0	0.956803203	0.421667434	1
0	1	0.156095931	0.002226716	2
1	0.723433162	0.214825058	0	3
0.59109672	0	0.619382557	1	4
1	0	0.128009152	0.261400764	5
1	0.293777694	0.229496781	0	6

图 5-9　数据筛选功能

在平行坐标展示多维浮标监测数据的基础上加入散点图矩阵，目的在于更加直观地观察不同属性的分布情况。如图 5–10 所示，将周平均数据通过散点图映射至二维平面，得到由 4×4 个块组成的散点图矩阵。由该矩阵能够直观地观察 7 个维度在 4 个时间节点下的分布状态，如在矩阵图中第 3 行第 2 列代表 7 个属性从第三周到第二周过渡期间的分布情况。

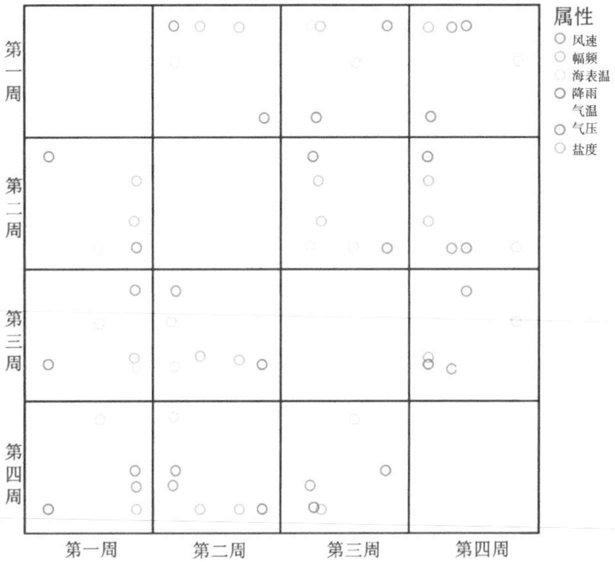

图 5–10 散点图矩阵视图

为了能进一步度量各维度值之间的差异，利用分析者敏感的视觉认知功能对实验数据进行深入分析，将经过归一化后在平行坐标和散点图中展示的原始数据进行属性差异矩阵的计算，得到 7 个属性在不同时间节点上的差异性矩阵，然后该矩阵构建特定时间节点上的属性相似性矩阵。表 5–1 展示的数据集表示通过计算平行坐标轴数据线构成角度值和面积值的加权值，即浮标数据中气温、气压、降雨量、盐度、海表温、风速、下行辐照度这 7 个属性在平行坐标轴上两两间的差异值。如维度 i 和维度 j 在平行坐标图中的差异可以用第 i 行第 j 列的数据量化，该值越小则表示这两个属性的关联关系越强，反之则越弱。

为了维度间的差异值更加精确，在计算平行坐标轴线段间夹角、面积差异性的同时加入不同维度在散点图中的距离值。如表 5–2 所示的数据集表示在散点图中 7 个维度两两间的距离差异值，该差异矩阵在一定程度上能够反映维度间相关性的强弱，差异值越小，则表示这两个维度在此时间节点上的

表 5-1　角度及面积差异性度量

	气温	气压	降雨量	盐度	海表温	风速	辐照度
气温	0	1.379 83	2.823 3	1.596 59	0.770 83	0.139 4	0.859 19
气压	1.379 83	0	3.373 76	2.029 18	1.315 34	1.259 97	1.263 8
降雨量	2.823 3	3.373 76	0	1.344 64	3.091 1	2.684 35	2.109 99
盐度	1.596 59	2.029 18	1.344 64	0	1.864 38	1.457 62	0.765 54
海表温	0.770 83	1.315 34	3.091 1	1.864 38	0	0.909 84	1.289 04
风速	0.139 4	1.259 97	2.684 35	1.457 62	0.909 84	0	0.720 2
辐照度	0.859 19	1.263 8	2.109 99	0.765 54	1.289 04	0.720 2	0

表 5-2　距离差异性度量

	气温	气压	降雨量	盐度	海表温	风速	辐照度
气温	0	0.819	1.471	0.833	0.867	0.145	0.509
气压	0.819	0	1.678	1.119	0.785	0.844	0.891
降雨量	1.471	1.678	0	1.039	1.6	1.438	1.226
盐度	0.833	1.119	1.039	0	1.362	0.774	0.43
海表温	0.867	0.785	1.6	1.362	0	0.977	1.186
风速	0.145	0.844	1.438	0.774	0.977	0	0.406
辐照度	0.509	0.891	1.226	0.43	1.186	0.406	0

相关性较强，反之表示这两个属性的相关性较弱。属性 i 和属性 j 在散点图上的差异值可以用表中第 i 行第 j 列的数据量化。

将上述过程中计算得到的角度值差异、面积值差异以及距离差异相结合，构造出气温、气压、降雨量、盐度、海表温、风速、下行辐照度这 7 个属性两两之间的相似性矩阵。如表 5-3 所示，可以通过量化后的相似性矩阵初步探究多维浮标监测数据 7 个属性间关联关系的强弱，表中由两个属性连接的数据值表示这两个属性的关联度，数据值越小，则表示这两个属性的关联度越小；数据值越大，则表示这两个属性间的关联度越大。同时也可以综合表中数据值的大小来对浮标数据 7 个属性的关联强度进行排序。表 5-3 表示的相似性矩阵可以作为下一个步骤中多维标度降维算法的输入，通过降维算法将多维浮标数据投影到二维平面中，为用户提供有效直观的分析方法。

表 5-3 相似性矩阵

	气温	气压	降雨量	盐度	海表温	风速	辐照度
气温	0	2.198 83	4.294 3	2.429 59	1.637 83	0.284 4	1.368 19
气压	2.198 83	0	5.051 76	3.148 18	2.100 34	2.103 97	2.154 8
降雨量	4.294 3	5.051 76	0	2.383 64	4.691 1	4.122 35	3.335 99
盐度	2.429 59	3.148 18	2.383 64	0	3.226 38	2.231 62	1.195 54
海表温	1.637 83	2.100 34	4.691 1	3.226 38	0	1.886 84	2.475 04
风速	0.284 4	2.103 97	4.122 35	2.231 62	1.886 84	0	1.126 2
辐照度	1.368 19	2.154 8	3.335 99	1.195 54	2.475 04	1.126 2	0

将表 5-3 表示的数据相似性矩阵输入多维标度降维算法中，得到初始多维浮标监测数据 7 个属性在低维空间上的可视展示以及属性投影点的坐标，使分析者可以更加直观地对各属性间的关联关系进行判断。从图中进行观察可以发现海温属性的投影点和气温属性的投影点相比于其他投影点的距离更近，由此可以得出：在该时间节点上，海表温和气温这两个属性相比于其他属性具有更强的关联度，该结果符合海洋环境学专家的先验认知，同时验证了本节所提出方法的有效性；而图中降雨与气压的距离明显较远，这表示在 7 个属性关联关系的排序中降雨和气压的关联性相对较弱，即在 7 个属性两两关联度排序中存在强弱关联度，距离较远只能说明这两个维度在关联度排序中的位次较后，而不是不相关。由此可见，计算得到的属性相似性矩阵是两两维度关联性强弱的重要依据。

在多维标度降维算法的基础上，为了使多维浮标监测数据维度间相关性信息更加突出，将二维平面上属性的投影点进行聚类，聚类后可以得到不同的类簇，同一类簇中的维度相关性大于其他维度。将降维后得到的二维平面属性点坐标作为输入，可以得到多维浮标监测数据 7 个属性在二维平面中的聚类结果，类簇中心用“+”表示，同一类簇使用同一颜色进行标记。结合图 5-11 可以直观地发现海表温要素、气温要素和风速为一类，即在此特定时间节点上，海表温、气温以及风速这三个属性具有强相关性；而下行辐照度与风速是两个不同的类簇，则表明相比于风速和气温，风速与下行辐照度这两个维度在该时间节点上的关联关系相对较弱。

为了对上述实验得出的结果进行有效性验证，选择同一地域不同时间节点的两组数据进行相同的实验操作。图 5-12a 表示选取一年内第二个月份的实验数据经过多维标度降维方法后得到在二维空间中的维度投影结果，该结果与上述第一组实验各属性分布的差异相对较小，再将此时间段内的实验数据经过 K-means 聚类得到图 5-12b，此聚类结果和第一组实验的聚类结果一致。图 5-13 为将该地域同年份第三个月份作为实验数据得到的降维和聚类结果，通过观察可以看出该结果与第一组和第二组实验结果一致，由此可以

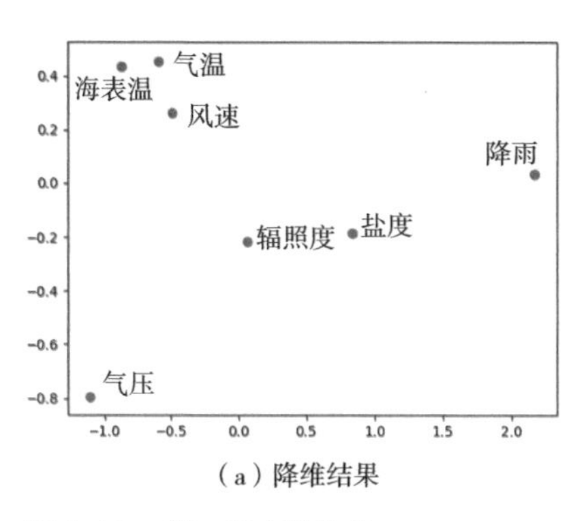

（a）降维结果

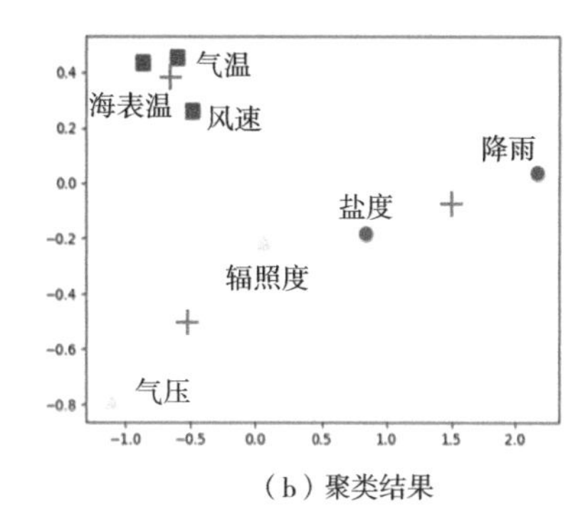

（b）聚类结果

图 5-11　第一组实验结果

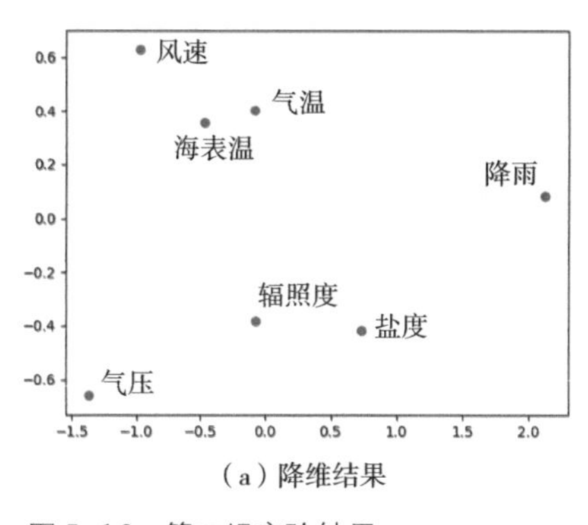

（a）降维结果

（b）投影结果

图 5-12　第二组实验结果

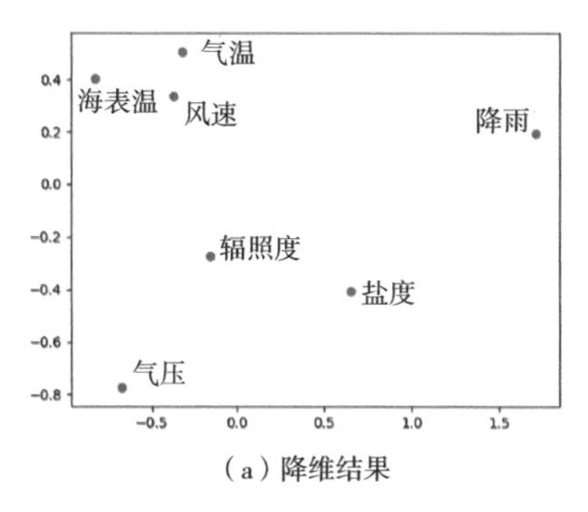

（a）降维结果

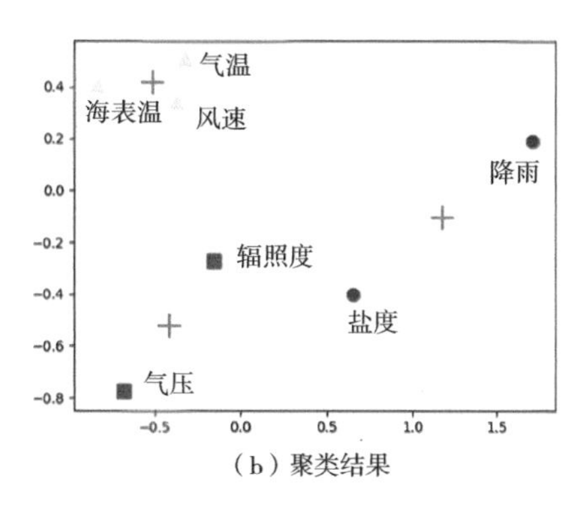

（b）聚类结果

图 5-13　第三组实验结果

证明多维浮标监测数据在相邻时间节点上的波动相对稳定，同时证明了本节提出方法的有效性。

5.4.2 案例 2——基于多视图的海洋异常模式发现可视分析方法

本方法实验数据集来源于国家海洋科学数据中心，包含气温、气压、海表温、风向、风浪高、风浪周期、风速七个要素，选用东山台站（23.9° N、117.5° E）数据，时间为 2015 年 8 月、2016 年 9 月，数据之间时间间隔为 1h，具有明显的时间属性，考虑到数据有缺失情况，本节采用插值法来估计缺失数据的情况，从而避免因数据缺失造成的后续实验的可视分析视觉效果。

通过传统的折线图展示 2015 年 8 月海洋多要素数据，如图 5-14 所示，海表温和气温变化幅度较一致，可以推断两者存在相关性，气压在当月 9—10 日经历一个明显波动，先下降再上升，风向在当月 4—9 日有一个波动的过程，风浪周期在当月 6—8 日、20 日有一个显著的上升，风浪高在 9 日、20 日、29 日部分时间段内有一个上升的变化。但图 5-14 中不能有效观察数据中的异常模式。

通过多视图协同可视分析方法，设置滑动窗口大小为 24h，偏移步长为 2h，计算并聚类得到时序 MDS 聚类视图，结果如图 5-15 所示，数据通过 DBSCAN 聚成两类，在时序上聚类出现显著差异，蓝色对应的数据聚为一类，粉色数据聚为另一类，交互式拖动时间轴，粉色聚类对应时间段为 2015 年 8 月 8—9 日，需要借助信息熵视图辅助分析聚类异常的原因，计算生成多要素信息熵视图，如图 5-16 所示，与图 5-15 聚类视图对齐可得出三个结论：

（1）时序 MDS 聚类视图出现明显的异常类别，如图 5-15 所示粉色部分。

（2）气温、海表温、风速和气压在 8 月 8—9 日内出现了明显的熵增变化，对异常模式的贡献度较大。异常模式是通过这个时间段的海表温、气温、风速和气压的变化反映的。

（3）异常模式中海表温、气温、风速和气压的熵具有相似趋势变化，说明上述要素之间具有较强的相关性。查阅当月的气象数据，当月 8—9 日有台风“苏迪罗”经过该区域。台风经过与异常模式对应。

为进一步分析异常模式下多要素间的关联程度，将该异常聚类的原始数

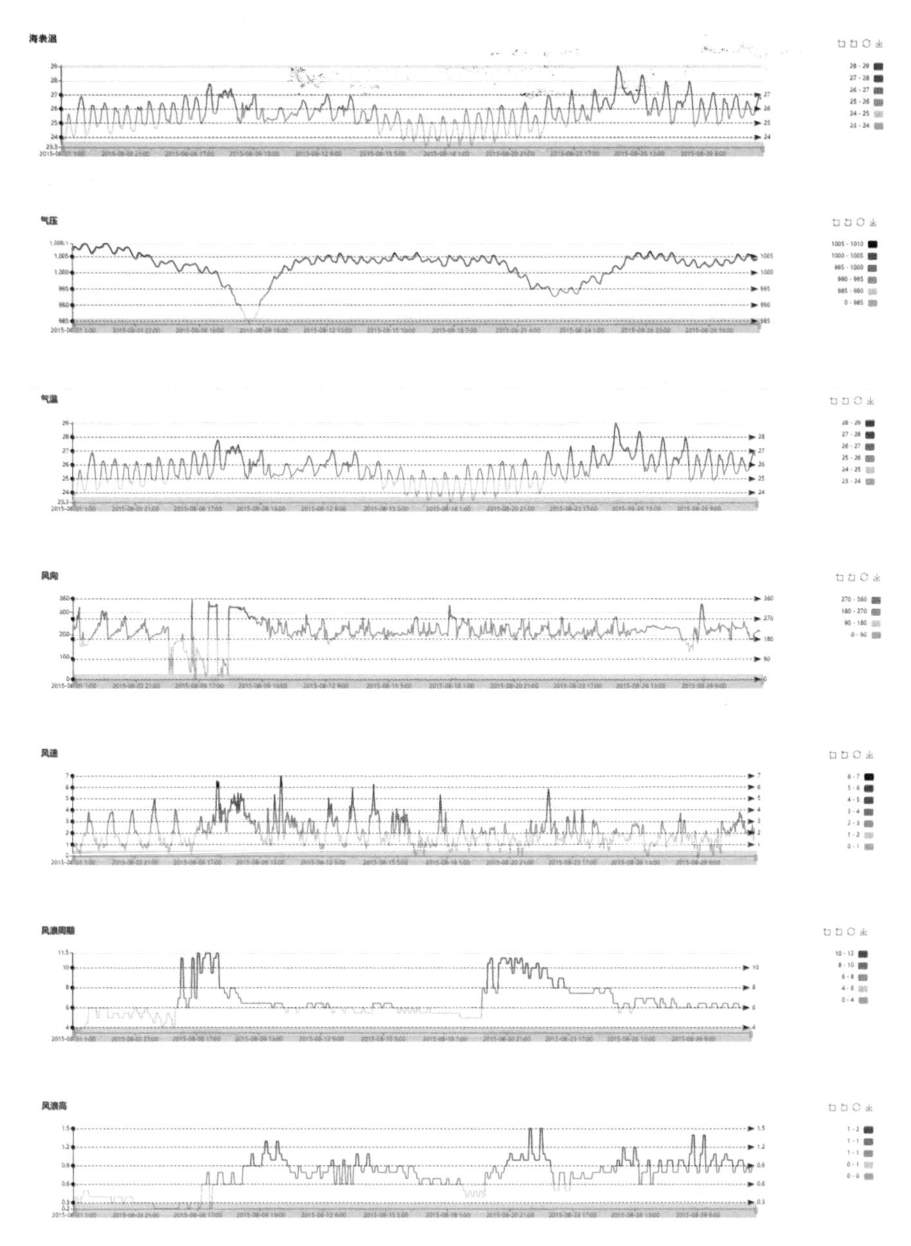

图 5-14　2015 年 8 月浮标数据时序折线图

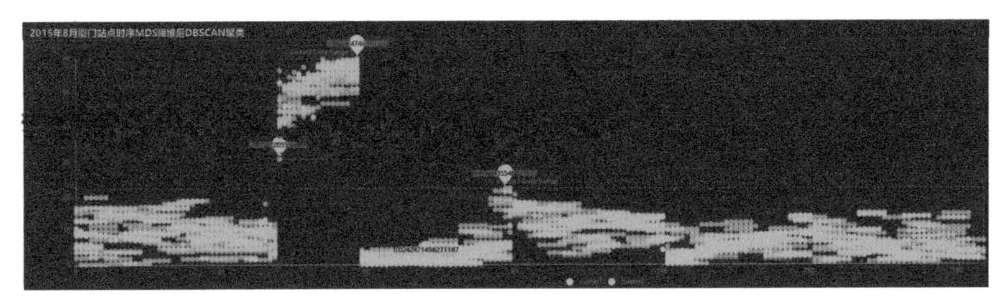

图 5-15　2015 年 8 月浮标数据时序 MDS 聚类视图

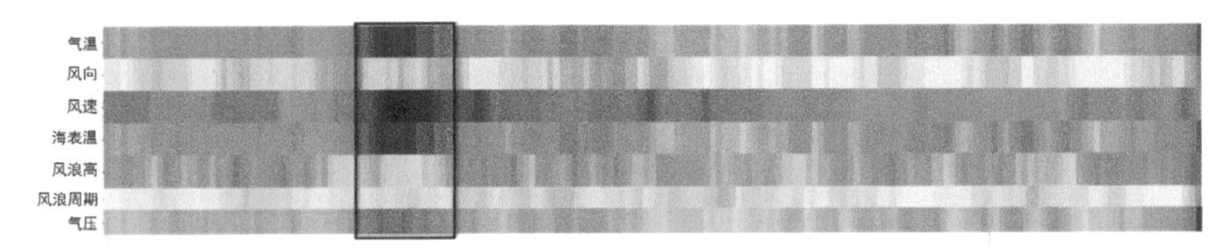

图 5-16　2015 年 8 月浮标数据信息熵视图

据投影到平行坐标，生成焦点区域平行坐标视图，如图 5-17 所示，投影数据为 8—9 日的数据，在该时间段内，平行坐标中气温和海表温数据平行，也进一步说明了海温和气温之间呈正相关关系，与专家先验经验相符合；而风速与海表温、风速与气压在平行坐标上有明显的线条交叉，说明呈现负相关关系。气压在这一时间段呈现明显的低压，该月 8—9 日台风“苏迪罗”经过该浮标站点，台风来临之际，会导致气压变低，这也与实际的认知符合，进一步证明了多视图协同可视分析算法的有效性。

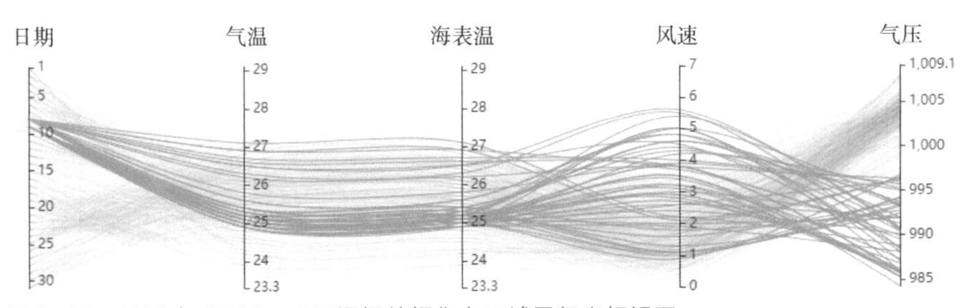

图 5-17　2015 年 8 月 8—9 日浮标数据焦点区域平行坐标视图

对比多视图协同的方法，传统折线图方法（图 5-14）能展示每个要素存在数据波动的地方，但波动范围过大，且变化幅度不一致，在时序上无明显规律可循，无法通过数据波动发现明显的异常现象或模式，传统的方法对异常模式的识别不够清晰。本节可视分析方法能识别到台风造成的异常模式，分析哪些要素与异常模式相关和要素之间的关联程度，这也证明多视图协同可视分析方法的有效性。

同样选取该区域发生台风月份的数据，实验步骤同上，实验结果如图 5-18 所示，通过时序 MDS 聚类视图，产生了不同的聚类类别。通过多要素信息熵视图可以观察到，异常模式发生的时间段在当月 14—15 日，从查阅历史的气象记录 2016 年 9 月 14—15 日内台风“莫兰蒂”经过该地区浮标站点，与台风经过的时间吻合。从多要素信息熵视图还可以看到异常区域内气温、气压、风速和海表温有明显的熵增加，熵变化反映这四个要素数据在这时间段内呈现不稳定的变化，异常模式的产生与上述四个要素密切相关，四个要素在异常产生的时间段内存在相关性。将该异常模式下的原始数据投影到焦点平行坐标视图中，如图 5-19 所示，两日内气压呈现一个较低的水平，解释了两日内气压信息熵不稳定的原因。在平行坐标视图中，气温和海表温之间的线条呈现平行状态，说明海表温和气温之间呈现正相关关系；海表温和风速之间存在明显的交叉，说明海表温和风速、风速和气压之间存在负相关性，符合专家的先验经验。第二组实验结果与第一组实验结果异常模式的产生能准确对应台风发生的日期，且数据变化符合台风来临之际变化，要素之间的关联程度也符合领域专家的认知，说明本方法在分析不同时间段的海洋多要素环境数据时表现相对稳定。

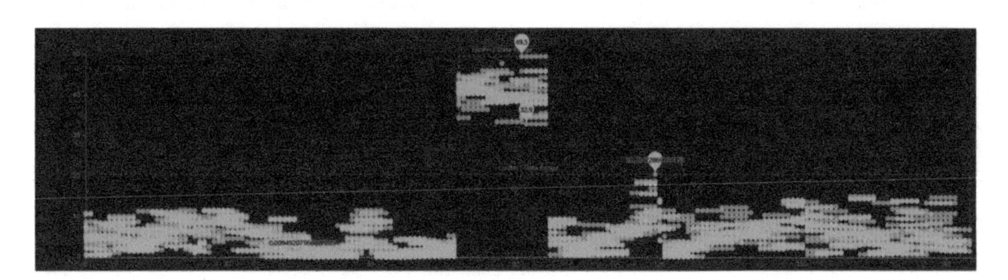

图 5-18　2016 年 9 月浮标数据时序 MDS 聚类视图

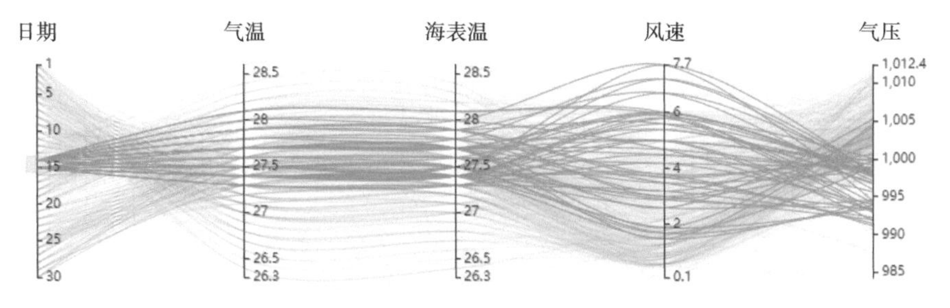

图 5-19　2016 年 9 月 14—15 日浮标数据焦点区域平行坐标视图

为了验证方法的普适性，选取中国遮浪台站（115.5° E，22.7° N）2016 年 10 月数据。当月 21 日、22 日部分时间段有台风“海马”经过该地区，实验步骤同上。时序 MDS 聚类视图结果如图 5–20 所示，在当月 21—22 日部分时间段出现了异常模式。通过信息熵分析哪些要素对异常模式产生了影响，计算的信息熵视图如图 5–21 所示，在当月 21—22 日时，气温、海表温、风速和气压之间呈现明显熵增。结合时序 MDS 视图分析，确认这四个要素对异常模式产生的贡献度较高，在该时刻具有较强相关性。焦点区域平行坐标视图如图 5–22 所示，选取当月 21 日、22 日数据，对上述要素做关联程度分析，气温和海表温之间线条大多处于平行，气温和海表温之间呈正相关；海表温和风速、风速和气压之间有大量线条交叉，说明海表温和风速、风速和气压之间存在负相关关系。和前两组实验结果一致，证明了本方法的普适性。

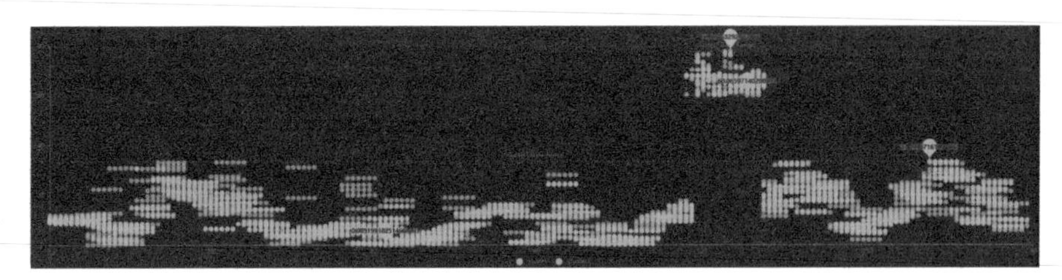

图 5–20　2016 年 10 月浮标数据时序 MDS 聚类视图

图 5–21　2016 年 10 月浮标数据信息熵视图

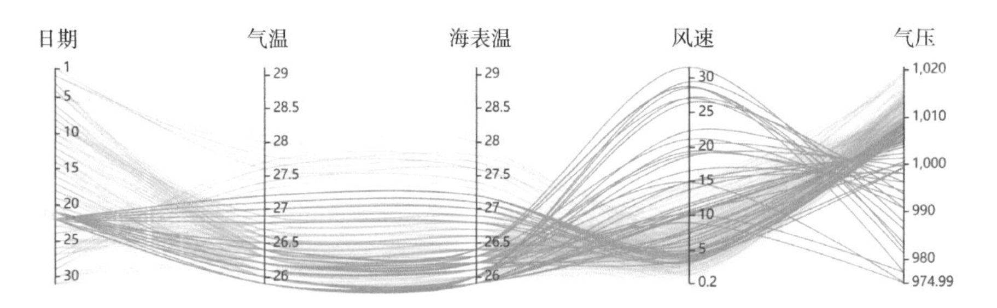

图 5–22　2016 年 10 月 21—22 日浮标数据焦点区域平行坐标视图

参考文献

[1] Yang J, Hubball D , Ward M O, et al. Value and relation display: Interactive visual exploration of large data sets with hundreds of dimensions [J]. IEEE transactions on visualization and computer graphics, 2007, 13:494–507.

[2] 刘玉华, 倪璐珊, 周志光. 多元网络可视分析综述 [J]. 计算机辅助设计与图形学学报, 2020, 32(10):12.

[3] Xie C, Li M, Wang H, et al. A survey on visual analysis of ocean data [J]. Visual Informatics, 2019, 3(3): 113–128.

[4] Buja A, Swayne D F, Littman M L, et al. Data visualization with multidimensional scaling [J]. Journal of Computational and Graphical Statistics, 2008, 17(2): 444–472.

[5] Carlsen L, Bruggemann R. The iris dataset revisited: A partial ordering study [J]. Informatica, 2020, 44(1): 35–44.

[6] 陈谊, 张聪. 一种基于维度投影的多维数据相关性可视分析方法 [J]. 计算机辅助设计与图形学学报, 2018, 30(4): 592–601.

[7] 孙扬, 封孝生, 唐九阳, 等. 多维可视化技术综述 [J]. 计算机科学, 2008, 35(11): 1–7.

[8] 陈谊, 蔡进峰, 石耀斌, 等. 基于平行坐标的多视图协同可视分析方法 [J]. 系统仿真学报, 2013, 25(1): 81–86.

[9] 任磊, 杜一, 马帅, 等. 大数据可视分析综述 [J]. 软件学报, 2014, 25(9):1909–1936.

[10] Schubert E, Sander J, Ester M, et al. DBSCAN revisited, revisited: why and how you should (still) use DBSCAN [J]. ACM Transactions on Database Systems (TODS), 2017, 42(3): 1–21.

[11] 韩冰, 曹维东. 涡旋特征和轨迹演化的可视化研究 [J]. 计算机时代, 2020(2): 13–17.

[12] 贺琪, 武欣怡, 黄冬梅, 等. 多视图协同的海洋多要素环境数据关联关系分析方法 [J]. 海洋通报, 2019, 38(5): 533–542.

[13] 王欢. 时空数据动态可视化及其在警用GIS中的应用 [D].郑州: 解放军信息工程大学,2007.

[14] Räihä K J, Aula A, Majaranta P, et al. Static visualization of temporal eye-tracking data [C]//IFIP Conference on Human-Computer Interaction. Springer, Berlin, Heidelberg, 2005: 946–949.

[15] 王祖超, 袁晓如. 轨迹数据可视分析研究 [J]. 计算机辅助设计与图形学学报, 2015, 27(1): 9–25.

[16] 朱庆, 付萧. 多模态时空大数据可视分析方法综述 [J]. 测绘学报, 2017,46(10):1672–1677.

[17] 解翠, 李明悝, 陈萍, 等. 大数据可视分析在海洋领域的应用 [J].大数据, 2021,7(2):3–14.

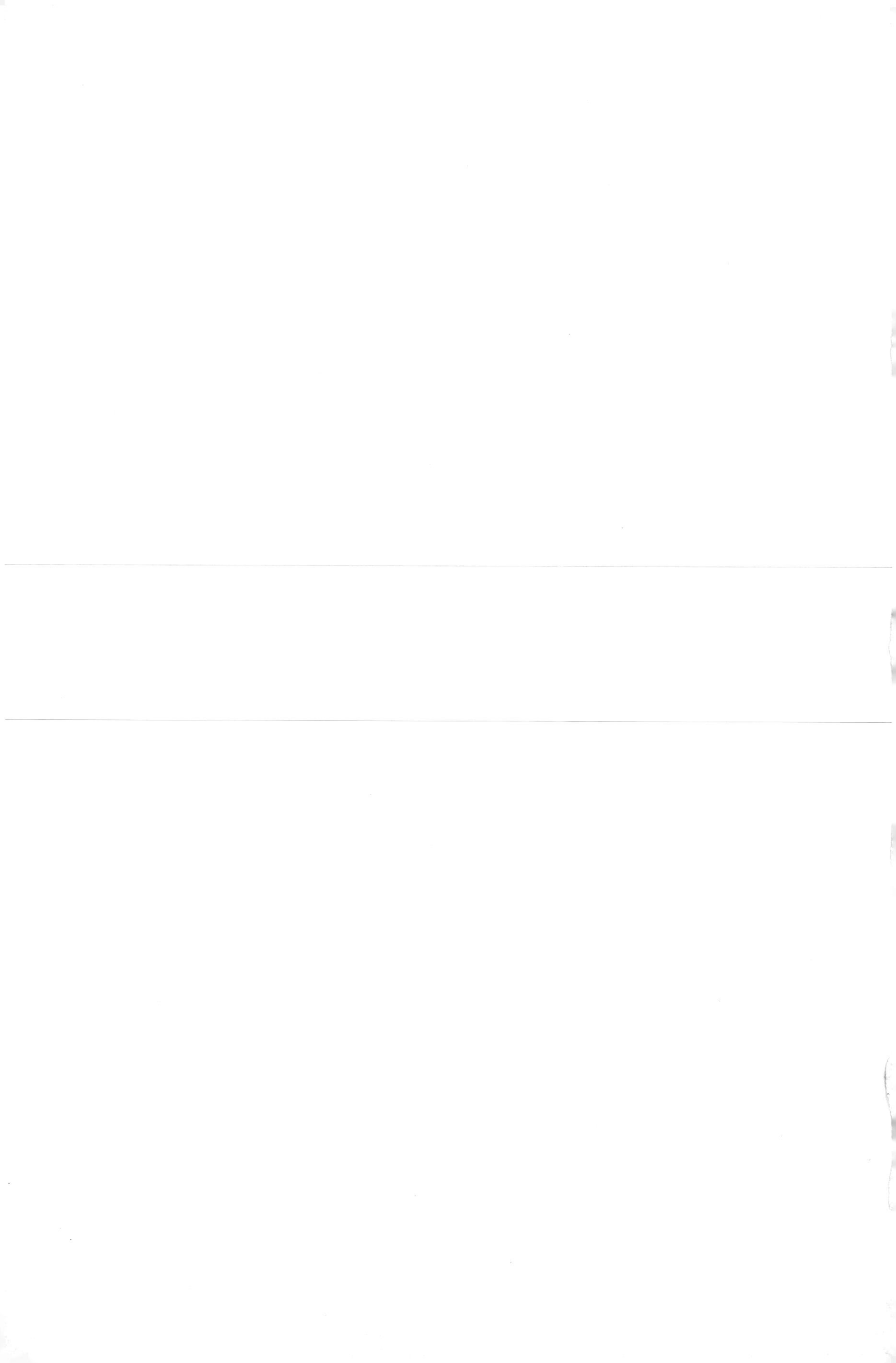